新時代判讀力

教你一眼看穿科學新聞的真偽

目次

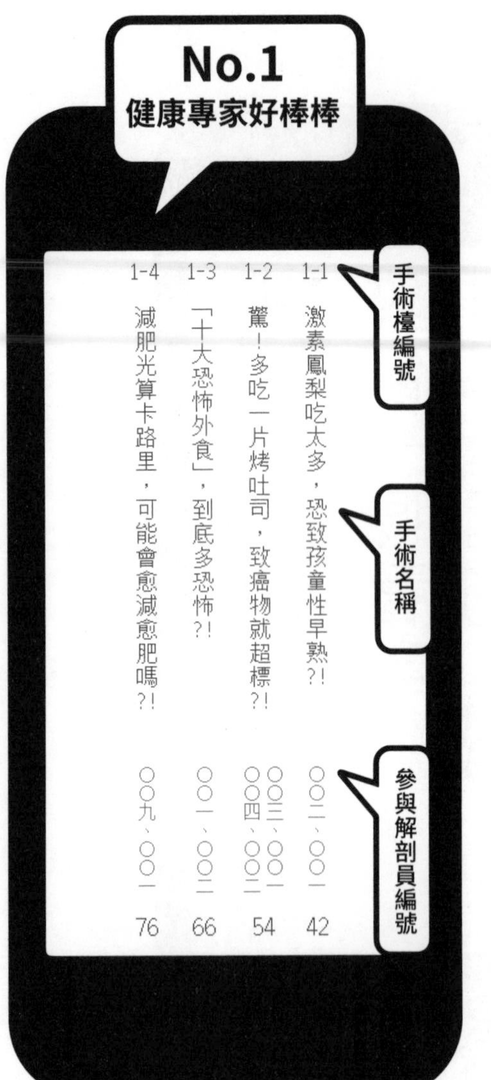

No.2
國外研究好偉大

No.3
親朋好友足感心

推薦序

一起脫離科學新聞的迷霧森林吧

鄭國威
PanSci 泛科學總編輯

我時常在演講時問聽眾兩個問題：第一：你知道這則科學新聞是有問題的，或根本是錯誤的嗎？第二：好了，現在你知道這則、這則、跟這則都是有問題的科學新聞了，那你以後看到怪怪的科學新聞會花時間去查證嗎？

大部分時候，聽眾對於這兩個問題的答案都是「ＮＯ」。也就是我演講了那麼多場，絕大多數的聽眾還是不知道一些我常常用來當錯誤案例的科學新聞其實是問題滿滿，而且在我講完之後，絕大多數的人還是不太有動力（理由包括：沒時間、沒專業、或沒意願）去好好檢視自己看見的科學新聞到底是對還是錯。

呵，我不是批評好心邀請我去演講的聽衆，事實上，這樣的答案我早就預料到，因爲不瞞你說，身爲臺灣最大科學知識網站的創辦人跟總編輯，我對我自己提的這兩個問題，答案也是「NO」。

這還得了？事實上眞是這樣！即使我認爲我自己可能在「對資訊存疑」這領域算是執著到有點變態了，但絕大多數的時候，我仍無法判斷一則科學新聞是不是有問題。我的好奇心跟質疑心可能比較重，但總是有極限，我沒有能力驗證任何一則NASA宣稱他們達成的成就，不管是把機器探測車送上火星，還是成功在國際太空站上種菜；我也沒有辦法費盡心力一則一則去了解所有食品安全跟醫藥健康的消息，我只能相信我最有把握相信的非常少數的訊息來源，並且對所有我無法確信的資訊抱持著：「我看到了這則消息，我知道有媒體報導、有人談論這則消息，但這則消息本身到底是不是真的，或是有多少比例是真的，我還不知道。」

我不是在「PanSci泛科學」開始之後才這麼時時刻刻警覺，早在多年前還在念傳播學門的碩士時，我就培養起了這樣的習慣。我只是一個文科生，隨著學習跟見聞增長，雖然逐漸能夠對於傳播議題、社會學、歷史人文等資訊有更多掌握，看出每況愈下的新聞鬧劇中的問題，但對於自然科學與應用科學等真的沒輒。當開始經營PanSci泛科學，我才逐漸了解過去我輕信了多少科學新聞中的謬論，多麼不加質疑地將自己對這個世界、對這個地球、對宇宙、對環境的認識，建構在大概跟我一樣也不懂自己報導什麼的記者跟他們所產出錯誤百出的新聞篇章上。回想過往無知的歷程時常讓我寒毛直豎。

儘管我現在依舊無知（這不是謙虛），但我終究學會了一件事，非常重要的一件事：活在此刻，我們所有的人都必須要更積極提升自己的科學素養，因爲科學正在以等比級數的加速度改變這個世界，但我們的科學素養增長卻是好一點進一步，壞一點退兩步，這樣下去對個人或對整個社會都會造成知識上的撕裂。而如果你跟我一樣自覺不可能趕得上這速度，也絕對不要放棄，因爲科技也同樣給了我們社群的力量，加入與你我一樣對於求眞求科學有高度執著的社群吧！

黃俊儒老師與「科學新聞解剖室」就是一個這樣的社群。繼《別輕易相信！你必須知道的科學僞新聞》後，黃俊儒老師跟科學新聞解剖室解剖員們，繼續針對科學新聞中層出不窮的陷阱一一盤點，提供我們防身指南：《新時代判讀力：教你一眼看穿科學新聞的眞僞》。科學新聞解剖室的成員就如庖丁解牛，把許多貼我們最近、最可能讓許多人囫圇吞棗嚥下的科學新聞資訊從源頭來歷、呈現手法、到媒體組織、公關單位、政府機構、企業商家……各方的糾葛都條條剖明。如果你之前沒有跟我一樣引頸期待並搶先拜讀解剖室在泛科學上的連載，那麼趁著如今集結成書，一氣呵成看完這本書，絕對會讓你的科學素養大大躍進。

很榮幸有多位優秀解剖員與PanSci泛科學關係密切，紹桀曾在泛科學實習，維倫是臺柱專欄作者，雅淇則是現任泛科學當家主編，而黃俊儒老師更是泛科學在互聯網科學傳播拓荒之路上永遠的導師，因此這本書除了是科學新聞解剖室送給每一位讀者的禮物，也是給泛科學成立六年來最好的禮物。

正如開頭所提出的問題，要自己一個人脫離科學新聞的迷霧森林實在太難，我希望科學新聞解剖室這本書是個開始，我們要一年一年地茁壯，鼓勵更好的科學報導，揪出更多科學新聞中的問題，並且號召更多解剖員加入。

如何擺脫被劣質資訊糾纏的人生

顏聖紘
國立中山大學生物科學系副教授

剛開始上大一課程的時候，我總是對學生那種容易以訛傳訛或道聽塗說的行為感到無奈。我總是天真地以為，考進基礎科學學系的學生「應該有比較好的觀察、詰問、推理、辯證」等等能力，而且應該要能「自我建立思想脈絡」。後來我才發現，很多學生對與考試無關的訊息不太在乎，也認為與他無關。可是啊，學生一方面似乎很討厭被騙，也不想要被別人說他「好騙」，但是在高喊誰誰欺騙社會的同時，自己也很容易落入被不精確與不客觀的言論所操弄的境地而不知！

「媒體識讀」似乎是這個時代所有人都需要瞭解的學問，而不只是新聞科系的學生。在這個媒體競爭激烈的年代，大多數的媒體都需要以最廉價、最經濟的方式來產生訊息，因此二手傳播、東抄西抄、斷章取義、道聽塗說、張冠李戴、移花接木、誇張恐嚇、抓錯重點的訊息便比比皆是。我們的學生如果看這些東西長大，而且不疑有他，不是變成憤青，就是變成腦袋不清楚的二百五，而且還可能會洋洋得意地以爲自己好棒棒。

有關科學與科技方面的報導大概是一般媒體最沒有辦法釐清的部分。首先，多數的媒體把科學與科技混爲一談，或是把訛傳當成科普。爲了要符合媒體所預設的大眾程度，因此多數的資訊都只能一刪又刪，一減再減。減到後來失去原意以後再來個加油添醋腦補一番，就會生出許多荒誕的訊息。

即使是照著已是二手傳播的外電翻譯，仍然可能因爲語彙的貧乏，對不同領域語感的掌握不足，使得直譯外電也零零落落。這還不打緊，如果爲了「求證」再去訪問一些「願意受訪但不是專家的專家」，那這個資訊傳遞的品質就大打折扣了。

很多系所在專業閱讀的訓練上都做得不太好，因爲在我們的教育體制下，閱讀能力是國文、英文的事，評量方式是寫測驗卷。在其它科目中，閱讀能力被認爲是無關緊要的事，只要能看得懂測驗題就好。也就是說，一旦通過大考，學生的閱讀能力其實是趨近於零，因爲多數學生沒有時間、餘裕好好發展自己的閱讀力，也缺乏專業指導告訴他們應該怎麼讀才是有效的閱讀方式。好比說，第一次要讀懂大意，第二次要看得懂結構，第三次則要分析修辭。但是這些能力要從哪裡開始呢？當然就是邏輯。

科學新聞解剖室這本書挑選了許許多多我們日常生活中經常出現的時事生活議題來解剖給大家看。爲什麼要解剖？因爲太糟糕。但爲什麼要這麼龜毛？因爲資訊的傳播並非無懈可擊，所衍生的諸多弊病，小至個人生活的選擇，大至對全球政經情勢的理解，都會出包。這本書就是帶領大家「看門道」，還有「摸眉角」。

把事情看得這麼透澈會不會反而不快樂啊？覺得到處都是白目？有可能喔。但是經過這樣的洗禮以後，或許我們可以知道如何閃開那些拍咪啊和髒東西。

「認同請參與」，才是提升科學、挽救媒體的關鍵

黃貞祥
國立清華大學生命科學系助理教授、PanSci 泛科學專欄作者

臺灣社會很重視理工科，大部分高等教育大專院校都有理工科系，大量菁英是往理工醫農發展，臺灣的高科技產業、生醫產業和農業科技等工業也頗有競爭力。可是詭異的是，臺灣社會卻充斥許多偽科學論述，感覺和講求理性、科學的社會差距頗大，讓許多有識之士無限感慨。

其實，科學是一種很奇葩的人類文明活動，科學講求實證的精神，是少見的。人類文明大多數的時間中，都流行道

聽塗說，也就是從別人口中打聽消息和知識，而非自己花時間理性地去分析和驗證。很多從祖父母輩流傳下來的傳統智慧，固然有一定的道理，但也有不少因爲時空久遠而失效，而過去人們在不知其所以然的情況下，卻仍一味遵循，無論是耕種、醫藥、廚藝、手工藝等等，導致一代代墨守成規，甚至盲目崇拜老祖宗，認定古代比現代先進。所謂的科學精神，從人類整個大歷史來看，似乎只是這幾百年來，少數菁英的專利。

過去談到科學的興起，一般會追溯到哥白尼那時代的科學革命。可是科學是中世紀結束後，平白從歐洲冒出頭的嗎？其實，再追溯更早前，科學是誕生在古希臘時期的，後來羅馬興起後，繼承了希臘的哲學。當羅馬因爲異族入侵和宗教勢力崛起而衰落後，則是阿拉伯人繼承了古希臘哲學。當時開明的阿拉伯人求知若渴，恨不得把全世界的知識都翻譯成阿拉伯文。

中世紀歐洲無疑是遠比阿拉伯世界落後無知的，歐洲學者是接觸了阿拉伯學者後，才再把希臘、羅馬這個他們稱爲古典時期的哲學傳回歐洲，開啓了修復古典人文主義的文藝復興，歐洲人重新學習到了科學後，才一躍成爲世界的霸主。由此來看，科學這個文明活動，在人類的大歷史中，僅僅起源一次而已。科學從希臘人流傳到羅馬人、阿拉伯人又流傳回歐洲，再向全世界傳播，已絕非是某個民族、文化的專屬文明活動了，是全世界所有人類的共同寶藏。

亞洲諸國在見識到了歐美列強的船堅炮利後，痛下決定研習西方的理工學問。很可惜的是，儘管投入很多的資源，至今臺灣社會似乎仍和科學精神脫了節似的。甭說是一般民衆，不少科學工作者也相信星座算命等等，工作上的科學顯然和生活中的信仰是可以完全區別開來的，這或許也算是一種特色吧。

從演化生物學的角度來看，我們人類的大腦並非演化來學習科學，而是用來討論八卦的。這就是爲何本書中的那些僞科學新聞傳播力無遠弗屆。是的，比起學習科學，我們的大腦更擅長以訛傳訛，與其認眞探討重要的公共政策，我們更加愛好腥、羶、色的新聞。

可是我們人類這種動物，和近親黑猩猩最大的不同是，我們有更發達的大腦前額葉，負責高階的認知功能，讓我們有計畫組織解決問題的能力。這些高階認知能力，雖然在演化初期並非用來解微積分習題，但這樣的能力卻剛好能用來學習科學。我雖然不擅長數學，可是至少在高中和大學還是把微積分勉強修過了。儘管學習過程是吃力的，可是我相信只要透過努力，任何科系的學生都能夠至少掌握基本的數理能力。

我們有了科學的思維能力後，能夠解決更多的問題，而創造出人類物質文明的盛世，我們突破了馬爾薩斯陷阱，我們餵飽了更多更多的人口；在現代社會中，我們有更先進的醫療，許多過去動不動會喪命的「小病」，現在只需呑幾顆藥丸或在醫院裡躺幾天就能根治了；更甭提我們有了乾淨的飲水和食物，還有衛生設施，以及許多疾病的疫苗和抗生素，不需像古人要生養一大堆小孩，只爲了讓少數幸福兒能夠活著長大成人，這一切都拜我們在科學上對微生物的正確認識。

我們擁有的不僅是更健康的身體和更長壽的餘命，我們也拜科技的進步能夠周遊列國，即使宅在家也能透過網路花幾小時取得過去古人窮盡一輩子才接觸得到的知識。我們甚至能夠輕鬆地無時無刻和千里之外的親友聯繫。我們利用知識創造出更多知識，也能夠用更快的方式傳播知識。然而水可行舟亦可逆舟，網路的便利也讓不良資訊的傳播更加無遠弗屆。

相較我們的科學和科技進步，以訛傳訛和嗜好腥羶色，不需要高階認知能力，更不需要受過文明教育。我們的大腦既然不同於其他動物，而有高階認知能力，卻放任自己不使用判斷力和獨立思考的能力，而誤信、傳播以訛傳訛的僞科學資訊，不就是在糟蹋我們身爲人最可貴的理性思考能力嗎？我們人類最可貴的能力不就是用大腦思考而非受制於慾望嗎？

臺灣已經進入了高速發展的工業時代，要立足這個得來不易的文明社會，放眼世界在地球村中競爭，臺灣社會需要的是有更多人能夠進行理性的思考、分析和判斷，從經濟、食安、健康、能源等等議題中尋求更好的解決方案，絕不能迷信政客和名嘴的情緒化口號和治標不治本的短期支票。

黃俊儒老師領導的「科學新聞解剖室」，藉著《新時代判讀力：教你一眼看穿科學新聞的眞僞》，就是要用各種有趣但值得懷疑的新聞案例，來告訴大家該如何用善用大腦的理性思考能力來判斷眞僞是非。

一旦談到臺灣主流媒體中的科學新聞，很難忍住不抱怨。不過單純抱怨不具有建設性，也不需要發揮到優異的高階認知能力。更好的方式是透過自己的努力，打造更有利科學傳播的新媒體，很令人慶幸的，這樣的努力從十幾年前的「科景」到今天大受網民歡迎的「泛科學」，一群一心想要創造更好的科學傳播環境的朋友，一同努力從各種不同角度，用自己的專業來爲網友們深入淺出地解說各種現象背後的原理。

「泛科學」在這幾年的成就大家有目共睹，在不少事件爆發後，甚至超越傳統主流媒體而成爲許多讀者最信賴的資訊來源。其中「科學新聞解剖室」針對一些似是而非於網路中如病毒般散播的資訊所提供的嚴謹打臉文，更是不少朋友Facebook動態牆中所瘋狂分享的。打臉文的科學傳播方式，應用得當也不失是推展科普的好方法，因爲人類大腦也嗜好衝突，許多賣座的小說、電影、電視劇就是善用了這一點而大賣。危機就是轉機，僞科學新聞也可以化爲學習正確科學觀念和知識的良機，我們不必爲臺灣的媒體環境而灰心。

「認同請分享」仍不夠積極，我們更該進行的是「認同請參與」。如果認同這個善用大腦理性分析和學習的活動，何不一同來共襄盛舉呢？

前言

你以為專家能救你嗎？別鬧了，這個時代我們只能倚靠判讀力

黃俊儒
科學新聞解剖室／〇〇一解剖員

隨著各種通訊軟體發達，相信每個人都有相同的經驗，就是收到來自於身邊各路親朋好友所轉寄來各式各樣、五花八門的無數簡訊。最多的大概就屬一些健康資訊關懷文，提醒你：脊椎要保健、坐姿要端正、久坐要舒展、天冷要保暖、睡眠要充足……等，這類的訊息多數無害，所以在不傷和氣

的前提之下，當然要跟這些心中充滿愛的親朋好友感恩以對。但是如果關懷文是更積極一點、更具警示性一點的類型，例如：十種容易致癌的食品、地震逃生的保命方法、熬夜需要補充的食物、冰箱門不要貼磁鐵……等，再加上以專家做保證為開頭，例如：最新研究說……、英國科學家發現……、諾貝爾獎得主推薦……等，相信你一定對於這樣的訊息半信半疑，既不敢完全相信，也不敢完全不信，於是你就抱著「姑且為每一則關懷簡訊活一兩天」的方式面對，是吧？

這幾年，食品安全的問題頻傳，世界上各種災難層出不窮，似乎各種因為科技發展所造就的風險無時無刻籠罩著我們。這個時候就會有許多人大聲疾呼：我們需要多學習好的科學知識才能夠面對這些事情，尤其是能夠對難題做出合適的判斷！但事實眞是如此單純嗎？

過去我也相信，只要人們對於科學活動多喜歡一點，對於科學知識多學習一點，理應就不會讓我們的社會如此理盲濫情，也可以讓那些張牙舞爪的無知名嘴無法如此霸道橫行，但是後來，我卻開始懷疑起這樣的想法是否眞的符合現實。

舉個生活周遭常見的例子來看：當我隨手拿起身旁那包準備在下午用來充飢的小包裝餅乾時，我發現它在「成分」上寫著：麵粉、砂糖、精製植物油（椰子油、棕櫚油）、乳化棕櫚油（棕櫚油、脂肪酸甘油酯、脂肪酸丙二醇酯）、椰蓉、土產鳳梨醬（鳳梨、砂糖、麥芽糖、海藻糖、棕櫚油、檸檬酸）、膨脹劑（碳酸氫銨、碳酸鎂）、鳳梨香料、碳酸氫鈉、檸檬酸、精鹽、偏亞硫酸氫鈉、甜味劑（蔗糖素）等。一塊小小餅乾的包裝上，竟總共羅列有洋洋灑灑二十多種成分。在食安問題頻傳的這個時候，如果我想問：「這塊餅乾，可以放心吃嗎？」那應該要去問誰呢？這個時候，懂得牛頓的三大運動定律、愛因斯坦的相對論、波耳的量子力學、萊布尼茲的微積分、華生的DNA結構、韋格納的板塊理論，對我瞭解這塊餅乾會有幫助嗎？

老實說，答案或許是有點悲觀的。我幾乎不太相信我那些生物學家、地質學家、機械學家、物理學家、電機學家、數學家的朋友們可以明確地幫我回答這一個問題，甚至是化工學者恐怕都不一定清楚這些在食品業界所慣用的配方背後眞正的成分。但是這些專家都「很科學」啊，他們的科學知識都非常豐富，不僅學有專精並且對於科學運作的過程都十分瞭解，如果他們不能解答，那麼誰能解答呢？

其實問題的癥結是出在現代社會中任何一個科技問題幾乎都是複合式的，舉凡食、衣、住、行、育、樂各方面的議題都極其複雜，牽涉的範圍都十分寬廣，導致每一個問題都沒有辦法被切片成獨立的零散片段，所以也就不容易找到單一位專家可以因時、因地、因情境而全方位幫我們解答所有的疑問。多瞭解科學知識當然對於解答問題會有助益，但是畢竟大部分的人並不是科學專家，不會有機會像科學家一樣透過一輩子的生命歷程來感受科學的精髓。所以多數的科學知識對於一般人所面對的眞實問題來說，大概就是「多一分不多，少一分不少」。可見對於一般人而言，要能夠判斷科學的問題，必然需要有一個完全不同於科學專家的認識方式。

這種新型態的認識世界方式，我們在這本書中把它稱作「新時代判讀力」，它主要包含兩個孿生的兄弟：一個是「媒體判讀力」，另一個是「科學判讀力」，兩者需要同時現身，缺一不可。例如：我們可能從某一個購物網上看見餅乾的成分，也可能是一處網路論壇、一則通訊軟體的簡訊、一篇Facebook的PO文、一段廣播的專訪、一幕食品廣告、一期雜誌報導、一次談話性健康節目上的名嘴發言……等各種管道不一而足。如果我們所接觸的這個訊息，在一開始就是片面、偏頗、被加工、被設計的話，那我們對於餅乾的科學知識還可以發揮作用嗎？就像是再好的牌技，恐怕也救不了滿手的爛牌。

在這個資訊爆炸的時代中，我們想要瞭解的各種訊息就像是一顆糖果被層層的包裝所裹著，第一張是五顏六色的炫麗色紙，第二張則是包著糖果的錫箔紙。我們都知道這兩張包裝紙的功能，第一張讓我們感到賞心悅目、喜歡親近、想吃，第二張則具有功能性，可以幫糖果保鮮。如果要吃到糖果的美味，當然就要先學會把這兩張包裝紙分別拆開來，漏掉一張都不行。大家應該都有過這樣的經驗：包裝紙品質不佳，導致糖果受潮了，吃下的滋味變了，有時甚至外層包裝紙的色素還會滲進糖果裡面，破壞它的美味。

「新時代判讀力」就是拆除這些包裝紙的能力。外層這張包裝紙就是媒體所吸引你注意的各種元素，所以一開始就必須要能用「媒體判讀力」來判斷這個消息到底能不能信——這是廣告嗎？是內容農場嗎？是置入性行銷嗎？是只想賺取點擊率的劣質新聞嗎？……如果你可以順利地拆開這張包裝紙，那麼恭喜，你可以開始針對裡面的內容好好地斟酌了。如果你一開始就發現，這是一張騙人的紙、不可靠的紙、虛有其表的紙，那麼請不要客氣，就丟了它吧，千萬不要當眞！

如果你已順利地進入到裡面的第二張包裝紙，對於這一張包裝紙就要用「科學判讀力」來診斷它的科學生產過程：這是一項很尖端的研發嗎？這是一個很確定的事實嗎？這是許多科學家都承認的結果嗎？抑或只是一種假設、測試過程或初步成果？這個研究的範圍很廣、很大、很具代表性嗎？還是僅屬小範圍的測試？……這些問題的確認跟你的微積分好不好、物理成績高不高、數學運算熟不熟都沒有直接的關係，但是跟你瞭不瞭解科學家的生活或是科學運作的方式就息息相關。如果你連這一層包裝都確認了，那麼就當作嚐鮮，把糖果盡情地嚐嚐吧。

當然，我們必須承認，這些問題的判讀並不容易，它需要常常對於科學進行的過程以及媒體包裝的手法保持關心，透過各種判讀力的練習才有機會讓你隨心所欲、明察秋毫。爲了讓大家有更多練習的機會來鍛鍊這項「新時代判讀力」，因此有了這一本書的催生。這本書是由「科學新聞解剖室」的一群解剖員所策劃編寫的，我們選取在熱門通訊軟體上最具有代表性的幾種科學新聞類型，把它們一一攤開在解剖室的手術檯上，以「十種科學僞新聞的類型」[1]作爲藍本，用我們最鋒利的「科學判讀力」及「媒體判讀力」這兩把解剖刀，剖開科學新聞的內裡，讓讀者用最近的距離察覺每一則怪異科學新聞的來龍去脈，進而辨識它們的眞僞。

相信我們，如果你常常練習解剖這些光怪陸離的科學新聞，必然可以讓這些無良的新聞無所遁形，也會讓你在各種五花八門的關懷簡訊之中不受誤導。

倚賴專家能夠讓我們獲得救贖嗎？別鬧了，這個時代只能靠自己！

1｜詳參黃俊儒（2014）。《別輕易相信！你必須知道的科學偽新聞》。臺北：時報。

十種科學偽新聞的類型

——開始解剖前的基本準備

1 × 理論錯誤

因為記者對於科學知識的不熟悉，使得科學新聞出現理論錯誤、翻譯錯誤，或明顯的迷信或偽科學的狀況。

2 × 關係錯置

科學新聞在援用數據的過程中，出現混淆比例關係、數字灌水，甚至是倒因為果的述說方式。

3 × 不懂保留

報導新聞時，因為忽略科技社會的不確定性，導致以過於篤定的口吻報導不太確定或未定論的事件。

基因研究：胖臉男容易說謊

男人愛看美女 **基因在作怪**

這實在不是
我能控制的…

一毛不拔 **都是小氣基因搞鬼**

♪基因人生好自在♪

beat.

4 × 多重災難

編譯國外科學新聞的過程中，因為層層轉譯的疏失，造成該報導與原始研究意義差距甚大的現象。

5 × 忽冷忽熱

新聞報導中忽略科學研究的局限，造成報導論點反覆，一下子這樣，一下子又那樣，就像洗三溫暖般忽冷忽熱的現象。

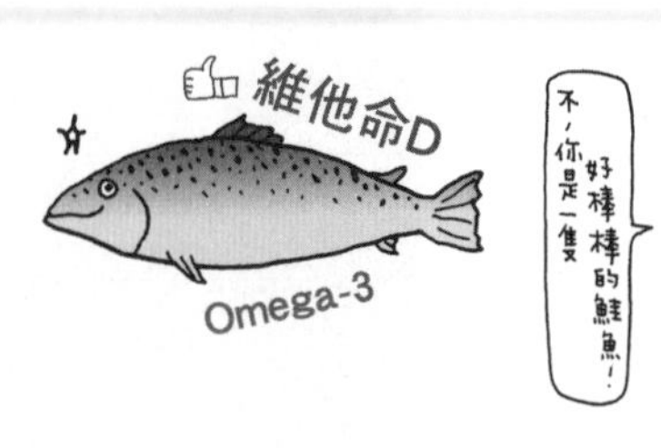

6 × 忽略過程

科學新聞中重視給予讀者聳動的印象，卻忽略交代研究或實驗等實際的過程，導致結論失真或大異其趣。

7 × 便宜行事

新聞中美其名以科學來針砭時事，事實上僅是用最簡單與便宜的論點在關照雞毛蒜皮的小事，柿子挑軟的吃。

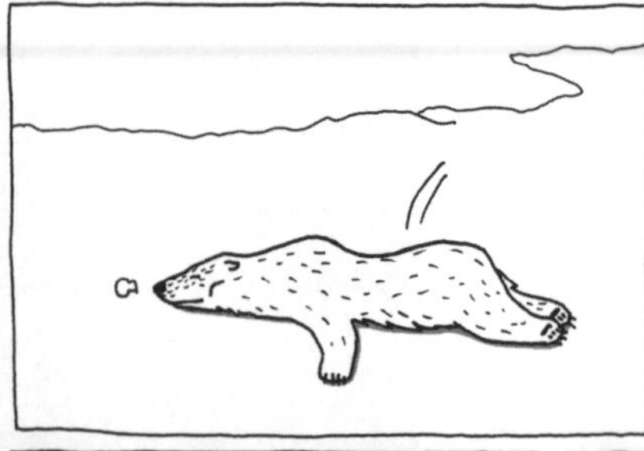

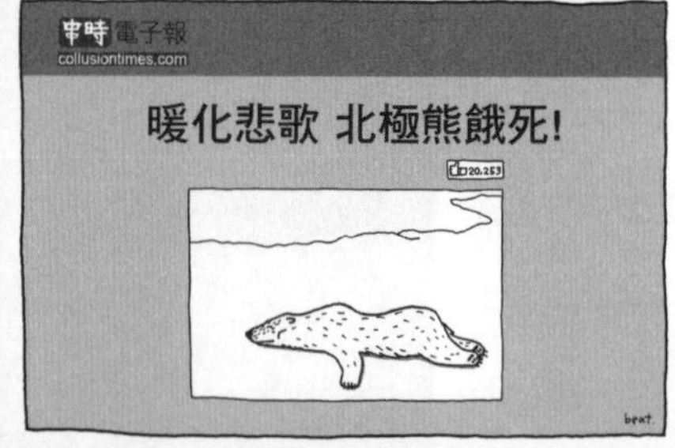

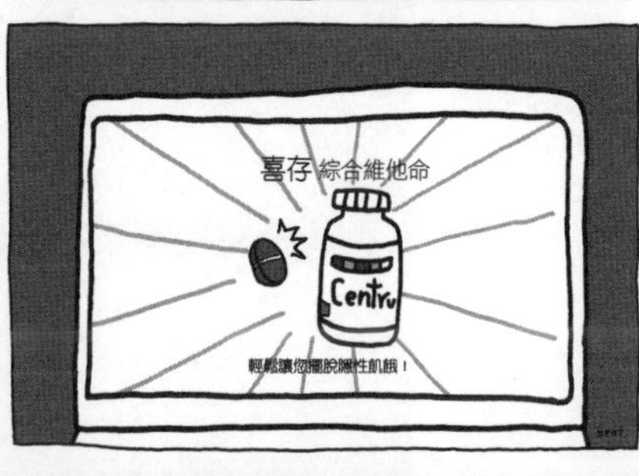

8 × 官商互惠

科學與媒體之間基於互相幫襯的關係，彼此依存與拉抬，當共存共榮時是好事，當有置入性行銷之嫌時則需避免。

9 × 名不符實

科學新聞產製過程中，由於使用編採分離的製作方式，可能使得標題和內文之間產生落差或矛盾的情形。

10 × 戲劇效果

科學新聞中摻雜太多煽情的元素，導致過度情緒化或泛政治化，因而模糊真實科學樣貌的情形。

No.1

健康專家好棒棒

No.1-1

激素鳳梨吃太多，恐致孩童性早熟?!

案情 --------> 鳳梨、香蕉都淪陷了嗎！

二○一五年因氣候乾旱，使得鳳梨甜度倍增，解剖員正好住在以鳳梨聞名的鄉鎮，可大肆品嚐其美好風味（大口咬）；但是，就在四月十三日看到華視一則以〈激素催熟鳳梨！吃多恐性早熟〉[1]爲標題的電視新聞，螢幕的左上角還有「獨家」的字樣旋轉著，新聞中指出：

……以鳳梨來說，如果外皮的鱗目比較大比較圓，鳳梨心又特別粗，可能就是施打了生長激素，吃多了會影響荷爾蒙，導致孩童性早熟；另外香蕉爲了催熟，也會浸泡藥水，導致柄梗過白，可能吃了有神經毒害。……

我的天啊，這什麼東西？好吃的鳳梨、香蕉是這樣來的

1 一華視（2015年4月13日）。〈激素催熟鳳梨！吃多恐性早熟〉。取自：http://goo.gl/fkzRH7

嗎？看到這則新聞不免擔憂，此時正是鳳梨產季，新聞一播出來，肯定會影響鳳梨的銷售，眞是爲果農捏一把冷汗。結果這則報導不僅馬上遭到果農砲火反擊[2]，行政院農委會農試所也立即發出新聞稿澄清[3]，直指報導的錯誤，要民衆安心，而製造混亂的媒體則即時撤下新聞，並在接受「上下游News&Market」的訪談中坦承錯誤[4]。

這則烏龍新聞看似已經落幕，但是臺灣的新聞報導實在是太常出現這樣的狀況，因此，解剖員認爲有必要拆解整體事件的始末，讓大家可以比較清楚地判斷相關的報導。

解剖

鳳梨和香蕉是招惹了誰？

將科學新聞端上解剖檯，最好同時用兩把解剖刀來看看究竟有什麼問題，分別看看在「科學」及「媒體」上各有什麼需要懷疑的地方。

2—楊宇帆（2015年4月15日）。〈傳說中的激素鳳梨〉。取自：http://www.newsmarket.com.tw/blog/68356/

3—行政院農業委員會農業試驗所（2015年4月15日）。〈「激素催熟鳳梨！吃多恐性早熟」之報導，實屬不實，請民眾安心選用國產優質鳳梨與香蕉〉。取自：http://goo.gl/UUV-JaP

4—林慧貞（2015年4月15日）。〈鳳梨生長激素性早熟？農試所駁斥，華視坦承查證不周〉。取自：http://www.newsmarket.com.tw/blog/68370/

科學疑點一：「生長激素」都一樣嗎？

在這篇報導中，一開始就提到：「你吃的水果有被施打生長激素嗎？包括了鳳梨和香蕉，爲了加速成長，甚至變大變重，部分不肖果農會施打生長激素……吃多了會影響荷爾蒙，導致孩童性早熟。」你是否會疑惑叢生：吃「植物」的生長激素會影響「動物」嗎？這是同一種東西嗎？而且眞的會嚴重到導致孩童性早熟嗎？爲解答這些疑問，解剖員決定請專家來釋疑。

行政院農委會農試所官青杉副研究員[5]就澄清，過去將鳳梨製成罐頭外銷的年代中，農民確實比較常在採收前於果實表面噴灑生長調節劑，但是現在皆種植改良的品種，噴灑藥劑反而容易破壞品質。所以鳳梨外皮鱗目、鳳梨心的大小粗細常常是因爲品種而有差異，未必是生長激素造成。

慈濟大學生命科學系葉綠舒教授[6]則表示，一般來說，當我們提到「植物生長激素」，指的就是「吲哚乙酸IAA」，

5—官青杉，行政院農業委員會農業試驗所副研究員，專長是鳳梨育種、果樹栽培、果樹種原保存、園產品採後處理等。

6—葉綠舒，慈濟大學生命科學系教授、泛科學專欄作家，學術專長是植物分子生物學、植物組織培養、生物技術等。專欄文章詳參 http://pansci.asia/archives/author/lushuyeh

它有促進植物生長發育的穩定功效，是一種小分子的化合物；而「動物生長激素」，如果以人體生長激素爲例，它是一種由一九一個氨基酸構成的多肽。前者是幾十個原子構成的小東西，後者則是數千個原子結合的大東西，兩者怎麼會一樣呢？說得更清楚一點，植物生長激素不可能具有動物生長激素的活性，因此植物生長激素對人體的賀爾蒙不會產生如新聞所說的誇張影響[7]。

反過來說，若依報導邏輯，吃了含有天然生長激素的水果不就也會性早熟？顯然這是說不通的。

科學疑點二：香蕉可以泡藥水嗎？

該新聞報導除了染指鳳梨之外，在新聞的後半段，還拖著香蕉一起下水：「（香蕉）皮黑了柄梗還『白帥帥』，怪怪的，因爲泡了催熟藥水，就怕藥水殘留在香蕉皮上，一剝沾在手上，又間接進嘴裡。」

7｜葉綠舒（2015年4月14日）。〈吃到含植物生長激素的水果會性早熟？〉。取自：http://su-san-plant-kingdom.blogspot.tw/2015/04/blog-post_14.html

但是，香蕉泡催熟藥水，這不會讓香蕉爛掉嗎？要泡多久才能讓香蕉外觀美麗、好吃、又不會過爛？後來解剖員看到農委會農試所的澄清新聞稿，所有疑惑才一掃而空。

農試所在澄清新聞稿中提到，目前國內催熟香蕉的方法有兩種：一種是用乙烯產生器讓酒精脫水轉變成「乙烯氣體」，另一種是用電石加水產生「電石氣」（乙炔氣），絕對沒有利用藥水催熟香蕉的方法。另外，關於蒂頭是黑、是白這件事，農試所也說了，香蕉蒂頭和果皮變黑是自然、正常的現象，為了防止蒂頭變黑，在修整蒂頭時會讓切口平滑，果商販售時往往也會將變黑的地方切除，蒂頭自然就不會有變黑的情況。所以新聞中提到的「柄梗白帥帥」一點也不「怪怪」喔，更和什麼催熟藥水沒有關係、沒有關係、沒有關係（很重要，所以要說三次）！

不過也感謝這則烏龍報導，讓解剖員認識了香蕉催熟的方法，眞是難得的「看新聞長知識」！剖析完科學上的疑點後，我們再來看看媒體上的問題。

媒體疑點一：媒體、專家，是誰有問題？

我們先來看看這整件新聞事件的始末，根據華視接受「上下游News&Market」採訪時的說法，當時一開始是水果攤販提出這樣的疑慮，再加上有觀眾反映植物生長激素可能會影響動物，結果在還沒有進一步查證下就製播了這一則新聞。

在這則電視新聞報導中，記者採訪了一位「食物專家」，專家說：「鳳梨心太大有可能比較容易有生長激素的問題。」「比方說蒂頭還是很青綠、很脆青、很乾淨、很白，然後這裡已經都黃了（香蕉皮），就表示說這裡有可能已經泡到藥水了。」

這則新聞一播出，也馬上讓這位食物專家嚐到媒體帶來的負面效應，立即遭到果農、網友的猛烈回應，而在農委會出面說明的隔天，該位專家也在Facebook上自清，直指採訪內容並非其原意，而是遭到扭曲。但眼尖的網友發現到該食物專家在自家販售無毒商品的網站上，有一篇二〇一四年七月十日發表的〈七種常見水果的潛藏危機～挑選有技巧，避免買到問題水果〉[8]，前兩點就是香蕉、鳳梨，書寫的內容和新聞報導相去不遠，那麼，究竟是媒體曲解專家的意思，使得專家蒙冤受屈？還是專家知識不足，讓媒體做出錯誤報導？大家或許可以自行判斷。只是在製作這則新聞的當下，媒體藉由採訪專家來獲得新聞的可信度與專業性，而專家藉此也可提高知名度，彼此受惠，這應該是很清楚的。

農試所的官青杉副研究員是研究鳳梨的專家，他認爲新聞報導常犯的毛病之一，就是媒體採訪的「專家」有時候並不見得是最適合的人選，他們也許是某個領域的專家，但並不一定適合回答所有相關的問題。所以如果你常常在媒體中看見「這個能回答」、「那個也能回答」的萬能專家，建議還是要小心爲妙。

8—白佩玉（2014年7月10日）。〈七種常見水果的潛藏危機～挑選有技巧，避免買到問題水果〉。取自：http://goo.gl/3lYrZp

媒體疑點二：撤下新聞＝負責？

整起事件大致上就如前述，我們再來想一個問題：媒體遭到質疑後，立刻撤下新聞，這樣就算是負責了嗎？

媒體一鬧烏龍，就緊急撤下新聞的案例可不只這一件，二〇一五年三月二日的「恐龍彩色羽毛事件」[9]就是經典案例，新聞下架後，當事人的信譽也毀了。在「上下游News&Market」採訪華視的報導中也提到，這不是華視第一次出包，在去年三月接近蓮霧產季時所報導的〈水果染色添賣相　吃下肚恐洗腎〉[10]，就曾使得水果生意受了影響。

NCC表示並不會裁處下架的新聞，那麼，媒體就可以「大街罵人，小巷道歉」嗎？可以不用經過查證就報導嗎？但很不幸的，國內媒體似乎熱衷這樣戲劇性的描述口吻，越誇張越容易引人注目，有的甚至還成爲談話性節目的最佳主題。

官青杉副研究員提到，就其長年觀察，農產品在接近產季時，會比較容易引起媒體的關注，而媒體在製作新聞時偏

9｜黃俊儒（2015年3月10日）。〈親愛的，我把恐龍變彩色了！〉。取自：http://scienceanatomy.blogspot.tw/2015/03/9.html#more

10｜華視（2014年3月12日）。〈水果染色添賣相　吃下肚恐洗腎〉。取自：http://www.youtube.com/watch?v=Cpx4u4MsVTQ

好採訪專家，但是報導內容是否可以呈現專家完整的意思就很值得商榷。可見媒體總是不脫「嚐鮮」跟「獵奇」的本質，「專家」常常也不過就是他們在急就章之下的墊背。只是目前仍無法可約束媒體的報導內容，還是要請廣大的閱聽大眾睜大雙眼、擦亮眼鏡、保持敏銳度，小心服用各家媒體的報導，不要媒體一丟出「勁爆」的新聞時就隨之起舞，或在網路平臺、通訊軟體盲目轉載和分享，一不小心就成為「不負責」的幫兇。

解剖總結--> 要小心獨家新聞！

在這個事件中，媒體一開始未經證實就輕率報導新聞，還打著「獨家」的招牌；在遭到各界質疑、糾正後，又迅速撤下新聞，道歉了事。不僅沒盡到篩選、檢視新聞的責任，還一再製作類似的錯誤報導，引起民眾不必要的擔憂，真是太不應該了！

只是，乍看鬧得滿城風雨的鳳梨新聞，其實早在前幾年就已經被報導過了（遙望）。二〇一三年六月十八日，中天新聞報導：〈一眼挑中甜木瓜　選「無生長激素」鳳梨〉[11]，新聞的後半段就是告訴觀眾如何挑選「無生長激素」的鳳梨。二〇一三年十一月十七日，三立新聞也有相同的報導：〈鳳梨又大又甜？當心加了生長劑〉[12]，報導中提到：「生長激素吃太多，不只男孩子會性徵不明顯，還可能讓小孩子發育成長停滯。」症狀又和此次出現的「性早熟」大不同，如此說法不一，媒體業者都有弄清楚嗎？總之，綜合以上分析，本解剖室給這一則新聞報導評以如下評價：

十顆骷髏頭！

11｜中天新聞（2013年6月18日）。〈一眼挑中甜木瓜　選「無生長激素」鳳梨〉。取自：http://www.youtube.com/watch?v=MISHS-Jzd4Lg

12｜三立新聞（2013年11月17日）。〈獨家／鳳梨又大又甜？當心加了生長劑〉。取自：http://www.setn.com/News.aspx?NewsID=4215

綜合評比
科學偽新聞指數（滿分5顆）

「便宜行事」指數 💀💀💀💀💀

「戲劇效果」指數 💀💀💀

「官商互惠」指數 💀💀

No.1-2

驚！
多吃一片烤吐司，致癌物就超標?!

案情

「烤吐司」謀殺人的健康！

二〇一五年一月九日，出現了一則〈烤吐司不能吃　超過一片致癌物就超標〉[13]的新聞，內容指出：

國內研究發現，吐司經過烘烤會產生致癌物單氯丙二醇，且烘烤愈久、溫度愈高，釋出的毒素也愈多。醫師指出……以國小學童爲例，一天吃超過一片烤吐司，單氯丙二醇就超標，有致癌危機。

我的天啊，這可是早餐常常吃、路邊四處賣、五星級飯店也提供的「烤吐司」耶！全球一年共吃掉幾片吐司根本是難以估算的天文數字，「多吃一片烤吐司會致癌」若是眞的，這可是涉及全國——不，可是涉及全世界的重大的健康

13｜健康醫療網（2015年1月9日）。〈烤吐司不能吃　超過一片致癌物就超標〉。取自：http://goo.gl/RW6A-hE

議題！為了釐清真相（極力冷靜下來），就讓解剖員帶著大家一起看下去。

解剖 →「烤吐司」驚奇的致癌威力？

科學疑點一：科學研究的過程到底是什麼？

這篇新聞大部分是引述新光醫院腎臟科江守山醫師的說法，主要的風險關鍵是文中所提到的「單氯丙二醇」（以下簡稱3-MCPD）這個物質，但是確定它有致癌風險的研究過程是什麼呢？經查證，英國曾在一九九九年的研究發現華人食用的醬油中有過量的3-MCPD，引起廣泛的注意[14]。這篇新聞中所引用的屏東科技大學研究，應該是二〇〇五年該校食品科學系研究生所撰寫的碩士論文[15]，細讀該論文後，發現新聞提到的吐司測試只是其中很小的一部分，並且論文中的樣本僅採用「統一皇家快客奶油吐司」檢測，但是新聞中

14｜Macarthur R, Crews C, Davies A, Brereton P, Hough P & Harvey D.(2000). 3-monochloropropane-1,2-diol (3-MCPD) in soy sauces and similar products available from retail outlets in the UK. *Food Addit Contam*, 17(11),903-6. 取自：http://www.ncbi.nlm.nih.gov/pubmed/11271703

15｜邵和雍（2004）。《食品中3-單氯丙二醇之研究》。屏東科技大學食品科學系碩士論文。

卻提及白吐司與全麥吐司的數值資料，烘烤秒數也和屏科大論文的數據不合；再以關鍵字查詢國內外其它研究，都沒找到「全麥吐司」相關的數據，實在令人非常困惑新聞中的數據何來，既沒有清楚交代研究的過程，也和所引述的研究資料內容不符，究竟是如何推論出結論？至少也應該引述那些最喜歡吃麵包的西方人的研究結果才比較合理吧？這樣的結論實在是太可疑了！

科學疑點二：「烤吐司」致癌，那「烤披薩」呢？

新聞中似乎暗示大家吐司「烤過後」的風險很大，但是最原始的吐司不也是烤出來的嗎？那烤披薩會比較安全嗎？此外，我們幾乎天天食用的醬油也含有3-MCPD——因爲製作過中會用鹽酸清洗黃豆以加速植物蛋白質的分解，鹽酸中的氯與油脂（甘油酯）作用後就會產生3-MCPD，這應該不難想像。但是，吐司麵包（即使是全麥吐司）在製作過程中不可能加鹽酸吧？哪來的「氯」呢？

為了解答上面的疑問，解剖員連同英文網頁也納入搜尋的範圍（請原諒解剖員語文能力有限，英文之外的語言就只能當作遺珠了），果然發現許多相關的嚴謹研究報告（採取大規模的取樣分析，出自有公信力的機構）指出，在許多常見食品[16]，包括：油脂、餅乾、零食、中式糕點……甚至母乳[17]，都有被驗出3-MCPD的成分（大吃一驚）！在細看這些研究報告後，才知道原來這些食品中的3-MCPD是來自植物油的加工脫臭程序以及極少量的食鹽。所以，可以確認麵包中（尤其是烤過的）的確含有3-MCPD或3-MCPD酯（一種可產生3-MCPD的物質），甚至多數在超市可以買到的食物，如：大麥製品、起司、義式香腸、火腿、披薩、燻製產品和熟製肉品等等，也都容易含有3-MCPD。

這下子問題來了，如果眾多食品中都含有多寡不一的3-MCPD，並且常常一不小心就超過新聞中所提及的二微

16 | 詳參 http://www.food.gov.uk/science/research-reports?f_report_id=43

17 | Zelinková Z, Novotný O, Sch rek J, Velíšek J, Hajšlová J & Dolezal M.(2008).Occurrence of 3-MCPD fatty acid esters in human breast milk. *Food additives & contaminants*, 25(6), 669-76. 取自：http://www.ncbi.nlm.nih.gov/pubmed/1848295

克／公斤（ppb）建議容許量——例如：母乳3-MCPD的平均含量就有三十五．五微克／公斤，而小寶寶每天應喝的奶量是以每公斤喝一五〇毫升（ml）爲計算標準[18]。亦即初生嬰兒（約三公斤重）一天喝母乳四五〇毫升大約會攝取到一五．九八微克，而建議容許量將會是六．〇微克（一不小心就超過兩倍多了呢）。——被醫生認爲最安全的母乳都無法完全避免，我們爲何不同樣關注或緊張一下其他的食品呢？難道「烤吐司」對人體的傷害是所有含有3-MCPD食品中最危險的嗎？

科學疑點三：如何才會致癌？

所以如果要擔心「烤吐司」，那其他要擔心的恐怕也不少。而且以麵包爲主食的西方人應該要比我們更膽戰心驚才對吧？

歐洲食品安全局（EFSA）指出：「雖然已對3-MCPD做過某些毒理學動物研究，但是對於3-MCPD酯的發生，

18｜詳參 http://www.mmh.org.tw/taitam/pedia/encyclopedia/book3-4-3.htm

毒物動力學或毒性仍知之甚少。」英國食品標準署（FSA）說：「雖然3-MCPD對實驗動物（大鼠）具有致癌性（其實是良性腫瘤），但沒有數據顯示3-MCPD對人類的致癌性。」甚至還有研究指出對大鼠並無傷害[19]。除此之外，香港食物安全中心發表的《風險評估報告書》中也提到：「研究結果顯示，攝入量一般和攝入量高的市民受3-MCPD主要毒性影響的機會都不大。……無充分理由建議市民改變基本的健康飲食習慣。」[20]可見3-MCPD確切的風險明明還值得商榷，但我們的報導卻寫得斬釘截鐵。

此外，新聞中提及每日可容忍攝入量二微克／公斤的訂定標準，其安全係數應該是五〇〇（一般是一〇〇），亦即攝入五〇〇×二等於一〇〇〇微克／公斤（等於一毫克／公斤）才是產生危害的起點。如果依照新聞中說每天超過一片吐司（最大測出量是含三二．八微克／公斤，依每片六十克計算，大約含十九微克）就會致癌，或許較準確的說法應該是：「三十

19　詳參 http://goo.gl/YtE3Tt

20　香港特別行政區政府食品環境衛生署食物安全中心（2012）。《食物中的氯丙二醇脂肪酸酯》。取自：http://goo.gl/1mxdC8

公斤重的小朋友，每天吃一千五百片就可能會致癌。」當然，如果你吃得下的話！

接下來看看媒體上的問題。

媒體疑點一：所有健康資訊都同樣重要嗎？

這則駭人聽聞的報導到底有多重要呢？大家應該跟解剖員有類似的經驗，LINE的家人群組或朋友的聊天視窗，時常會飛來一些「專家表示」、「專家建議」的健康資訊，例如：〈月經來潮前會有頭暈者，是癌症的前兆〉、〈科技泡棉請勿拿來洗杯子、碗、鍋〉、〈充電時使用手機會產生超大量輻射傷害人體，甚至會發生爆炸〉等消息來源缺乏和推論過程成謎的資訊。這種「半威脅」式的主題常常可以賺取許多閱讀量，所以也常常變成媒體喜歡報導的對象，但是媒體幫我們篩選過這些健康資訊的重要性嗎？

二〇一四年底，中國微信有一項關於「什麼樣的文章更受歡迎」的數據統計[21]，在閱讀類型的分布上，第一名是「情感資訊」（嗯，不意外），緊接在後的即是我們熟知的「養生」類型，即廣義的健康訊息，有四千五百萬的分享率！健康訊息不僅切身相關，也是提醒、關心、聯繫親友情感的好工具，卻也最容易成爲科學新聞中被操作的議題。以本篇此則新聞爲例，藉由專家發聲、引用學術研究、明確指出數據等方式，「表面上」似乎有憑有據，仔細閱讀後卻發現有很多科學數據錯置下所包藏的聳動訴求。臺灣媒體這麼的「不挑」，但是大家可不要只因爲議題跟「健康」有關，就被牽著鼻子走啊！

媒體疑點二：來源單一、有聞必錄的恐怖新聞？

記者到底如何報導出這樣的新聞？這則新聞的內容並沒有清楚交代許多資料細節，經過解剖員明察暗訪後，才發現整篇報導幾乎原封不動來自「江守山會客室×蘋果Live」的影音內容[22]。如此單一的消息來源，沒有經過任何對照及查

21｜王鑫（2014年12月30日）。〈微信官方數據披露：什麼樣的文章更受歡迎〉。取自：http://tech.qq.com/a/20141230/007569.htm

22｜詳參 http://goo.gl/d7oQpP

證，就突然告訴我們吃一片烤吐司就有致癌危機，難道媒體不應該再為閱聽人尋訪其他專家的意見嗎？光憑一位腎臟科醫師、一篇屏科大研究資料，就宣告這個幾億人口正在吃的食品會致癌？即使是有一名「專家」的背書，但這一切會不會太草率了呢？

此外，這篇報導的結果是以三十公斤的國小學童來推論，但是標題卻搞得好像大家今天吃、明天就會致癌。在新聞的最後，甚至還建議大家不要吃烤吐司，可以改吃饅頭夾蛋或是吐司夾肉鬆會比較營養健康。難道在之前飼料油、餿水油事件裡中標的「肉鬆」，突然比「烤吐司」安全了（想到這兒，讓解剖員打了一個冷顫，吐司夾肉鬆，實在是咬不下去啊）？這應該是一般人在閱讀這篇新聞時會有的疑問，為何媒體記者都不會覺得怪怪的？似乎只要有聞必錄、照單全收，做出一則健康新聞就好，不問其他問題。如果媒體所扮演的角色是這樣，那讀者去看更勁爆的「內容農場」[23]不就好了？

23 — 內容農場，詳參 http://goo.gl/oTHSyv

解剖總結--> 要小心來源單一的新聞！

總結前面的解剖結果，這篇科學新聞報導反映出媒體偷懶及缺乏科學素養的一面，不僅全部照抄一位醫師的說法，來源單一，也沒有向其他專家求證，更利用民眾對食安的敏感心理，錯置一些令人恐慌的數據資料。此外，對於關鍵的實驗過程及限制略而不談，硬是把重點放在「致癌」的恐懼訴求上，過度連結烤吐司與致癌的因果關係，相當糟糕。綜合這一次的分析，本解剖室給這一則新聞報導評以如下評價：

十四顆骷髏頭！

綜合評比
科學偽新聞指數 滿分5顆

「便宜行事」指數 ☠☠☠☠

「關係錯置」指數 ☠☠☠☠

「忽略過程」指數 ☠☠☠

「不懂保留」指數 ☠☠☠

No.1-3

「十大恐怖外食」，到底多恐怖？!

案情

進擊的「十大恐怖外食」！

二〇一四年六月五日，《中國時報》[24]、《蘋果日報》[25]、《自由時報》[26]、《聯合晚報》[27]等各大報皆不約而同以「十大恐怖外食」爲標題，大篇幅報導這十種外食組合的油、鹽、糖指數，以及對於健康可能造成的威脅，例如：

> 國人外食比例高，一項針對一〇二〇名上班族的調查顯示，八成民眾平均每天一到兩餐靠外食解決，三餐都外食者高達六成。營養師列出十大恐怖外食組合，每項熱量近一千大卡，且高油、高脂可能引發脂肪肝。前三名依序是：漢堡薯條加可樂、排骨便當加珍奶、鍋貼加豆漿，近來流行的霜淇淋也榜上有名。（《聯合晚報》）

24—《中國時報》（2014年6月5日）。〈外食「呷」恐怖　油糖鹽太超過〉。取自：http://www.chinatimes.com/newspapers/20140605000750-260113

25—《蘋果日報》（2014年6月5日）。〈漢堡薯條可樂　最恐怖外食　排骨便當珍奶　高油鹽傷肝腎〉。取自：http://www.appledaily.com.tw/appledaily/article/headline/20140605/35873392/

26—《自由時報》（2014年6月5日）。〈十大恐怖外食　漢堡薯條＋可樂第一名〉。取自：http://goo.gl/qFReHs

27—《聯合晚報》（2014年6月4日）。〈這些恐怖外食餐　讓你肝壞去　一餐熱量近千大卡　漢堡＋薯條＋可樂最傷身〉。取自：http://health.udn.com/health/story/6037/369297

這些報導都引述了一張精美的圖表（都長一樣喔），將十大恐怖外食精美排列呈現，這些食物不僅都是平日生活上耳熟能詳

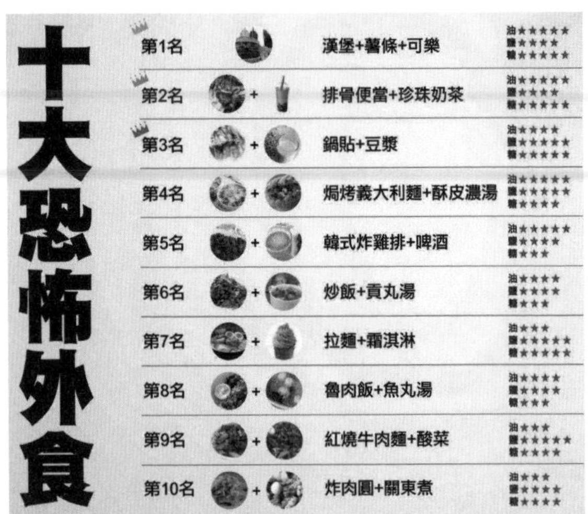

十大恐怖外食

名次	外食	油	鹽	糖
第1名	漢堡+薯條+可樂	★★★★★	★★★★	★★★★★
第2名	排骨便當+珍珠奶茶	★★★★★	★★★★	★★★★★
第3名	鍋貼+豆漿	★★★★	★★★★★	★★★★★
第4名	焗烤義大利麵+酥皮濃湯	★★★★★	★★★★★	★★★★
第5名	韓式炸雞排+啤酒	★★★★★	★★★★	★★★
第6名	炒飯+貢丸湯	★★★★	★★★★	★★★
第7名	拉麵+霜淇淋	★★★	★★★★★	★★★★★
第8名	魯肉飯+魚丸湯	★★★★	★★★★	★★★
第9名	紅燒牛肉麵+酸菜	★★★	★★★★★	★★★★
第10名	炸肉圓+關東煮	★★★	★★★★	★★★★

「十大恐怖外食」，到底多恐怖?!

的小吃，還有很應景的「韓式炸雞＋啤酒」。眞的好感謝這個善心人士願意花精神、花時間來告誡我們這些食物風險，只是，秉持天下沒有白吃午餐的原則，我們應該進一步來瞭解這一則科學新聞的來龍去脈。

解剖

「恐怖」的疑點重重？

科學疑點一：到底是什麼「調查」？如何「調查」？

攤開各媒體的報導，都會提到這恐怖外食是源自一項「調查」，但各媒體對於該「調查」的說明卻都不太一樣。有的說是針對國內上班族外食次數的調查，有的說是調查外食族常吃的餐點中的恐怖排行榜（恐怖排行可以用「調查」的嗎）。

一一比對各報導並搜尋相關資料後發現，原來這篇報導的源頭是某保健食品業者委託「波仕特線上市調網」針對上班族工時與外食的調查，目的是爲了得到工時長短與外食次數之間的關係——也就是想告訴大家：「國人外食的比例很高」這件事。

報導中所謂的「調查」參與的樣本有多大、如何做、具不具有代表性？這個「網路調查」與「十大恐怖外食」有什麼直接關係呢？而調查歸調查，恐怖食物歸恐怖食物，這兩者的關係是由誰去把它連接起來，然後暗示大家吃這些東西眞的很恐怖呢？可疑，十分可疑。

科學疑點二：哪來的排行榜？

不管報紙或電視，每則報導都用了同一張精美的「十大恐怖外食」圖表，圖中的「排行榜」總共羅列了十種排列組合。每篇媒體報導都指出，這排行榜是來自於「營養師程涵宇」。該營養師以糖、油、鹽的分析爲主，根據衛福部、臺灣小吃大調查還有日本熱量分析書籍等統整的資訊列出十大外食組合。營養師並且在自己的Facebook貼文：「我知道很多是黃金組合，不應該拆散他們，但是他們真的很油又很甜。」因此，這所謂的「十大恐怖外食排行榜」是來自這位營養師的組合所得。

但是，這個排列組合是如何選出來的呢？如果置換一下組合，「可樂＋炸雞」、「滷肉飯＋貢丸湯」行不行？因為韓劇《來自星星的你》而爆紅的「炸雞＋啤酒」也在榜上，那麼臺灣口味的「鹽酥雞＋手搖杯」因為沒有名人代言就不上榜嗎？不可否認，這個榜單很親民，甚至有點時尚感，但是怎麼又覺得有點隨意與媚眾呢（誰吃完拉麵後來一支霜淇淋啊）？

科學疑點三：做法都一樣、分量都一樣嗎？

更令人不解的是，記者朋友們在報導這則新聞時都不曾感到懷疑嗎？又不是每個店家的做法都一樣，可以一概而論嗎？像豆漿的好處多多，卻一樣上榜了，可是營養師在受訪影片中說的可是「含糖」的豆漿啊，圖表中也沒標明，豆漿就這麼被貼上恐怖標籤，是不是冤了點？

再來，每一個店家做的食物「內涵」都一樣嗎？被放在榜上的分量都一樣嗎？鍋貼兩個與二十個一樣嗎？豚骨拉麵與醬油拉麵一樣嗎？南部滷肉飯與北部滷肉飯（肥瘦不同）一樣嗎？麥香魚堡跟大麥克漢堡一樣嗎？肉絲炒飯跟蛋炒飯一樣嗎？如果這些最基本的營養分量及含量都沒有交代的話，就算有營養師掛名也難以讓人信服吧？

再來看看媒體上的問題。

媒體疑點一：為何許多媒體同時報導這則新聞？

臺灣的媒體這麼多，大家怎麼如此有默契都在當天的報導中出現這則新聞，還附帶相同的照片與精美圖表，實在太神奇了！

看遍了所有的新聞報導及電視畫面[28]後會發現，原來是一場「記者會」把媒體都聚集了起來。從電視畫面中看見，

28｜詳參 http://goo.gl/GHiyAI

記者會的現場不僅布置了巨幅「十大恐怖外食」的組合表，還擺放了十大外食組合供媒體取景，更有營養師現身說法，如此完整、聳動、與民生高度相關的話題，正中媒體的報導偏好，這麼低成本但高話題性的新聞不報著實可惜。

但是，究竟誰這麼佛心來著，自己花錢聯繫記者、租場地（而且看起來頗高級）、製作精美海報，最終只爲了讓大家拒絕外食、吃得健康、活得愉快？這種人絕對是菩薩轉世。無奈的是，在解剖員的社會化經驗中，這些無來由的感人事蹟，恐怕都值得懷疑其背後的眞正動機。

媒體疑點二：聚焦美女營養師？

外食族餐飲與健康是民生重要問題，可能解剖員習慣了過去林杰樑醫師在這類議題上的諄諄教誨，所以對於此一系列報導中不斷出現且被標榜的「美女營養師」頗不習慣。當然，如果一則健康新聞可以既有正確內容又賞心悅目，何樂而不為？只是，該營養師在電視報導中強調：

……適度補充蜆精，作為護肝幫手，或自己煮蜆湯來飲用。重要的是購買蜆精要認明標示，來源必需安全無汙染，且無重金屬，才有健康保障。

不僅關心大家健康，還教我們怎麼挑選蜆精，多麼貼心啊！各家媒體除了在這篇新聞中標榜這位整理恐怖排行榜的營養師是美女之外，也都不約而同將她的職稱報導為：「前」新光醫院營養師。但搜尋相關資訊查證後發現，該美女營養師不僅是「沐光臨床營養機構」的院長，同時也經營「沐光醫食廚房」，為何記者大哥不報導「現職」卻報導「前職」，這樣對得起美女嗎？是因為跟醫院有所連結，顯得比較專業、說話比較可信，大家看到專家開口比較會買帳嗎？總之，媒體的考慮實在是太可疑了。

解剖總結 - -> 要小心太容易的新聞！

總結前面的解剖結果，這一系列的科學新聞報導，缺乏對於科學事件追根究柢的精神，媒體只是把業者既有記者會的資料照稿全登，便宜行事。對於科學資料的來源、過程及合理性均疏於查證及檢驗，並且被炫麗用詞、恐怖訴求及美女符碼等戲劇效果給迷惑，根本不能給予閱聽人客觀的事件評價。綜合這一次的分析，本解剖室給這一系列新聞報導評以如下評價：

十一顆骷髏頭！

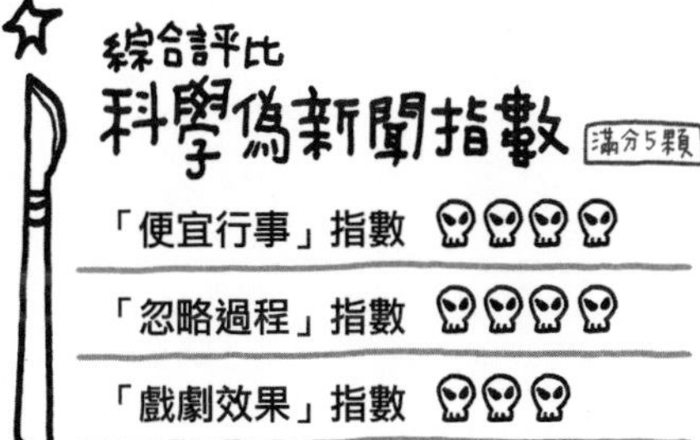

No.1-4

減肥光算卡路里，可能會愈減愈肥嗎?!

案情

卡路里、血糖與減肥的恩怨糾葛！

解剖員最近有幾場飯局，大吃大喝之後，照照鏡子、捏捏肚子，好像又到了跟肥肚肚奮戰的時刻了，正準備開始要斤斤計較食物熱量時，無意中在網路新聞看到了幾篇相類似的新聞報導，減肥計畫看來還是緩一緩，以免白忙一場。

《自由時報》的〈減肥光算卡路里　恐會愈減愈肥〉[29]報導標題開宗明義就說：

減重不能只算卡路里，營養師表示，只算卡路里算不出血糖的平衡，血糖忽高、忽低對身體都是損傷，不僅容易出毛病，也容易復胖，飲食還是要均衡。如吃了讓血糖易上升的碳水化合物後，最好再搭配油脂及蛋白質，以平衡血糖上升的速度，才能長期瘦得健康。……營養師賴宇凡表示，血

29—《自由時報》（2014年6月5日）。〈減肥光算卡路里　恐會愈減愈肥〉。取自：http://news.ltn.com.tw/news/life/paper/785027

糖不是只有糖尿病患才需要注意的事，尤其現代人的飲食糖分含量高，加上加工食品隨處可得，經常讓人的血糖震盪而不自知。

嘖嘖，原來減肥不能只算卡路里，不然可能會愈減愈肥（抖）！而且另一篇「中央社」的報導〈血糖均衡不易胖　先別管卡路里〉[30]也講同樣的事：

擁有美國自然醫學營養治療師認證的賴宇凡今天說，她和母親都曾經很胖，以前她天天算卡路里，怎麼吃就是胖，後來她採用血糖平衡的概念，不去管熱量，反而五年甩肉三十公斤，糖尿病不藥而癒……

根據這位營養專家的說法，只要照顧好血糖值，不但可以有效減肥，還可以治癒糖尿病啊！這兩篇報導都引述同一

30—中央社（2014年6月4日）。〈血糖均衡不易胖　先別管卡路里〉。取自：http://goo.gl/PtGANf

名專家的說法，還有專家本人美美的照片，總覺得哪邊怪怪的，好像跟在醫院裡碰到的營養師不太一樣？還是讓我們好好來研究研究。

解剖

到底減肥跟血糖高低有沒有關係？

科學疑點一：血糖震盪真的會讓人愈減愈肥嗎？

解剖員深怕減肥計畫變成做白工，愈減愈肥的結果可是令人無法消受，因此仔細閱讀這系列報導，發現這位營養專家主張維持血糖的平衡，可能才是控制體重的妙方。她用了「血糖震盪」這個名詞來說明。初看這個詞彙，解剖員像是被撞到腦震盪一樣，讓這麼威猛的用詞給震懾住了，原來血糖也會震盪？這位營養專家表示：「所謂血糖震盪就是血糖一下上升、一下下降……血糖忽高、忽低對身體都是損傷，不僅容易出毛病，也容易復胖。」這樣不穩定的血糖竟然是健康的殺手！看起來好像有點道理，可是血糖震盪這詞看了就令人頭暈啊，眞是這麼一回事嗎？

爲了釐清相關疑點，解剖員特地請教了糖尿病專科的黃峻偉醫師[31]，他表示，對於正常人而言，身體機制會把血糖維持在穩定範圍內，在這個範圍內的血糖波動都是正常，糖尿病患者的血糖就是波動度很大，因此需要進行血糖控制。解剖員又進一步詢問有時肚子餓會發抖，是不是血糖太低的緣故，但黃醫師說，這其實是一般人正常的身體反應而已，並非對身體有害，也不會造成太大影響，它只是告訴你該吃東西囉，而且在正規的醫療用語中更沒有「血糖震盪」的詞[32]。也就是說，對於正常人而言，血糖值的起伏是很正常的狀況，而「血糖震盪」根本是不存在的現象（你會說運動後的心跳加速叫做「心跳震盪」嗎）。

黃醫師的說明對於解剖員而言像是醍醐灌頂，一語驚醒夢中人，如果「血糖震盪」不存在，是否也就沒有「容易復胖」、「愈減愈肥」或者是「成功甩肉」這檔事了？而且關於

31—黃峻偉，現任土庫台全診所主治醫師，專長是糖尿病及三高疾病。「小黃醫師的隨手筆記」詳參http://blog.huangrh.com/p/blog-page.html

32—黃峻偉（2015年8月25日）。〈沒有血糖震盪，別追求糖尿病痊癒……〉。取自：http://blog.huangrh.com/2015/08/what-you-should-know-about-DM.html

報導中營養專家提出的飲食建議，黃醫師也提醒解剖員，不同營養素的攝取量必須要因人而異，沒有標準答案，例如：對於一般人來說多吃蛋白質無妨，但若是腎功能有問題的患者，對於攝取蛋白質則要特別注意，可別為了減肥就誤信這些一體適用的飲食建議。小心為妙，看來解剖員還是甘願點跑步減肥去吧（綁上「必瘦頭巾」）。

科學疑點二：糖尿病可以不藥而癒？

在這系列的相關新聞中，另一個讓人眼睛一亮的地方是中央社報導所提及的「五年甩肉三十公斤，糖尿病不藥而癒」，因為除了減肥之外，解剖員身邊也有許多朋友深為糖尿病所苦。這位營養專家所分享的自身經驗，不禁讓糖尿病患者燃起了一絲希望——只是，如果血糖震盪的說法有疑問，那「不藥而癒」的說法，又是否太過武斷了呢？

糖尿病是常見的慢性病，主要分為「第一型糖尿病」[33]、

33 第一型糖尿病，詳參 http://goo.gl/odgn7A

「第二型糖尿病」[34]、「妊娠糖尿病」[35]等等，但是它眞有不藥而癒的可能嗎？依照遍查到的資料顯示，目前人類還無法治癒第一型糖尿病，僅能透過科學的方法進行控制，使大多數的第一型糖尿病患者過正常生活。而常見的第二型糖尿病，也僅能將病情控制在穩定狀態，而不能聲稱治癒。

黃醫師表示，糖尿病是經年累月的結果，不是一夕之間造成的，過去研究就歸納糖尿病的成因有八大致病機轉，每位患者因爲每個機轉的嚴重程度不同，因此有了不同的疾病表現。也許患者透過飲食運動把糖尿病控制得很好，但五年、十年之後呢？就沒有人能回答這個問題了。所以如果用嚴謹的現代醫學角度來看，當病情控制穩定時，只能說日後發病機率較低，並不能武斷說就是治癒。現代醫學講求的是證據爲基礎的研究(evidence-based research)，醫生照顧患者除了現階段的處置之外，仍須考慮其未來的狀況，僅能給予患者中肯的建議，而不是給予如「終身痊癒」這般肯定的答案。

34 — 第二型糖尿病，詳參 http://goo.gl/3ou50J

35 — 妊娠糖尿病，詳參 http://goo.gl/Ruy4Nf

黃醫師的破解就像是暮鼓晨鐘，振聾發聵！因爲解剖員也像一般的病患一樣，只希望得到一勞永逸的答案來安慰自己，卻不知如此一來往往導致自己踏入過度簡化的陷阱，引以爲戒！引以爲戒！

接下來看看媒體上的問題。

媒體疑點一：「營養師」與「自然醫學營養治療師」，傻傻分不清楚？

解剖員注意到這系列報導中，不同媒體對於這位營養專家的頭銜似乎有點不同。《自由時報》的報導稱這位專家爲「營養師」，而中央社的報導，則稱之爲「美國NTA自然醫學營養治療師」，咦？這兩種「師」看來都跟營養有關，但是一樣的嗎？大學裡的「助理教授」跟「助教」是差很多的[36]，所以少少幾個字卻可能有很大的差別。

讓我們先來瞧瞧什麼叫做「營養師」。依據臺灣《營養師

36一廖世和（2004）。《兩岸高等學校教師聘任制度之比較研究》。國立政治大學行政管理碩士論文。P.92-94。

法》第一條，營養師必須要經過國家營養師考試及格、領有證書，而報考者則需先具備學歷認證、實習期滿及格、領有畢業證書等條件。再者，依據《營養師法》第五條，沒有營養師證書者，不得自稱爲營養師，否則可是要處以罰鍰（《營養師法》第二十七條）[37]。

至於美國NTA到底是怎樣的神祕組織呢？原來NTA（Nutritional Therapy Association）[38]是美國的營養機構，學員在完成爲期九個月的付費遠距課程之後，通過認證即可成爲「營養治療師」（NTP, Nutritional Therapy Practitioner），只是不能做診斷也不能治療疾病，僅能做出營養建議。如果是美國的營養師養成[39]可能就要更加嚴格一點，需要由「美國營養學會」認證或是由各州政府認證，才能在美國稱爲營養師。所以美國NTA屬於私人機構，就像一般推廣教育中心的課程，付費上課後取得結業證書。

經過這些比較，讓解剖員頗爲不滿的是，媒體到底有沒

37｜《營養師法》，詳參 http://law.moj.gov.tw/LawClass/LawAll.aspx?PCode=L0040006

38｜NTA，詳參 http://nutritionaltherapy.com/

39｜林雅恩（2013年5月24日）。〈美國營養師的養成〉。取自：http://www2.dietitians.org.tw/tdnews_epaper/epaper_024/epaper024-06-1.htm

有幫我們分清楚「營養師」與「自然醫學營養治療師」的差別？畢竟在這兩篇報導中所牽涉的內容，除了營養的建議之外，事實上還牽涉了許多病理的說明，對於一般民眾來說，都是切身相關而且茲事體大的觀念，不可不慎。套句臺語的俗諺「同款不同師傅」，下次下筆前可不可以將臺灣各種千奇百怪的「師」搞清楚呢！

媒體疑點二：媒體送佛上西天？

在查證過程中，解剖員也發現臺灣各家媒體的絕佳默契：《自由時報》是六月四日刊登新聞，而中央社則是六月五日。經過一番抽絲剝繭後，赫然發現原來這位專家剛好就在五月二十日出版了一本新書，而書的內容正是這幾篇報導的內容，若對照這位專家在個人部落格裡公告的節目通告行程，這報導明顯是一系列書籍宣傳活動下的配合安排。安排這些活動不是不行，只是它已經被簡化成是許多廉價醫療新聞報導的來源。

若你爬一下文，就會赫然發現有許多正牌醫師曾對這些似是而非的健康言論發出過怒吼，例如：北市聯醫中興院區腎臟科劉文勝醫師，就撰寫〈血的九〇%是水？不要被僞專家給騙了！請聽專業醫師正解〉[40]一文，澄清血液中水的比例不是九〇%，提醒大家不要被這位僞專家給騙了，並請大家相信專業醫師，別再相信沒來由的傳說！解剖員所訪談的黃醫師，也感嘆現今僞專家言論的充斥：這種人的文章往往廣爲流傳，粉絲團還有萬人按讚，而真正嚴謹的研究和理論，民衆卻不相信（嘆氣）。

或許自然醫學有它自己的一套哲學及說法，但是在專業醫師的眼中，這一系列的健康言論都存在許多明顯的錯誤或是值得商榷的空間。對於解剖員來說，最不解的是我們的媒體固然是因爲業務配合而爲人作嫁，卻還送佛就要送上西天，如果能多一點點專業查證，多一點點正反併陳，不是

40—劉文勝（2015年7月22日）。〈血的九〇%是水？不要被僞專家給騙了！請聽專業醫師正解〉。取自：http://www.setn.com/News.aspx?NewsID=86300

更好嗎？

解剖總結 ---> 要小心太光鮮的專家！

媒體上許多名人專家總是用輕鬆愜意、淺白易懂的肯定口吻，告訴民眾專業的健康觀念和營養新知，的確易使人接受。但在此同時，一般民眾也很難去辨別其中的眞僞，解剖員奉勸大家，就像買菜一樣，健康資訊同樣需要貨比三家。千萬不要只是用萬人瘋傳的偏方或名氣加持的「暢銷知識」就來處理自己的健康，因爲太光鮮的資訊可是處處陷阱的喔！綜合以上分析，本解剖室給這系列新聞報導評以如下評價：

十三顆骷髏頭！

綜合評比
科學偽新聞指數（滿分5顆）

「理論錯誤」指數	💀💀💀💀
「不懂保留」指數	💀💀💀
「便宜行事」指數	💀💀💀
「官商互惠」指數	💀💀💀

No.2

國外研究好偉大

No.2-1

手指長度可將你一眼看穿嗎?!

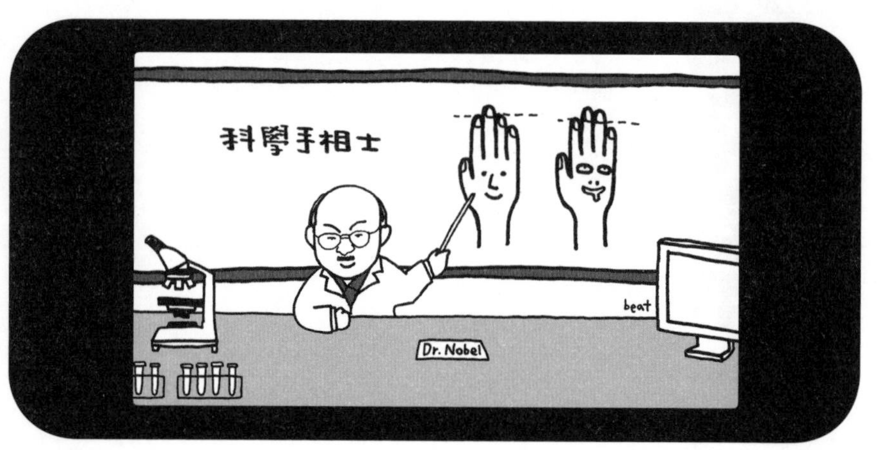

案情

「手指長度」成為偷吃的證據！

農曆春節過後，還深陷在開工不適應症的解剖員，看到《聯合晚報》一則〈研究：男性手指長度　反映對女性好壞〉[41]的新聞，哇！整個人都清醒了。新聞中提到：

食指與無名指長度比例較小的男性，與女性相處時更可能注意傾聽、微笑和大笑、妥協或稱讚對方。

過幾天，在「中時電子報」又看到類似報導：〈無名指長愛偷吃　食指短強勢〉[42]，這……這是什麼？老實說，「比較食指及無名指的長度」算是古老的命題，每隔一段時間就會在臺灣的科學新聞中出現。猶記得在天眞無邪的兒童時期，同學間也不時會流傳關於手相的算命傳說，例如：生命線、

41—《聯合晚報》（2015年2月21日）。〈研究：男性手指長度　反映對女性好壞〉。取自：http://video.udn.com/news/279672

42—中時電子報（2015年2月24日）。〈無名指長愛偷吃　食指短強勢〉。取自：http://www.chinatimes.com/realtime-news/20150224000832-260408

感情線、事業線（當時的「事業線」還很單純）等，時至今日，「食指」和「無名指」好像變得很重要，時不時攻占新聞版面，到底無名指、食指的長短和這些行爲之間有甚麼關係？光看手指長短就能評斷一個人的某些特徵嗎？這也太神奇了吧！

解剖

「手指長度」有這麼神？

科學疑點一：為什麼手指長度會影響行為表現？

爲什麼光看手指長度就可以判斷某些行爲？爲什麼不是耳朵大小、嘴巴寬窄或眉毛粗細呢？國外學者都在忙這些「奇異」的研究嗎？深入追查發現，國外確實有相當多針對第二手指（食指）與第四手指（無名指）比例（2D:4D）所進行的研究，例如：「手指比例與人格特質的關係」[43]、「手指比例和性取向」[44]、「手指比例與發育穩定性的關係」[45]等等，當然，也少不了手指比例與各種社會行爲的對照研究。

43｜詳參 Richard A. Lippa.(2006).Finger lengths, 2D:4D ratios, and their relation to gender-related personality traits and the Big Five. *Biological Psychology*,71 ,116-121.

44｜詳參 Terrance J. Williams, Michelle E. Pepitone, Scott E. Christensen, Bradley M. Cooke, Andrew D. Huberman, Nicholas J. Breedlove, Tessa J. Breedlove, Cynthia L. Jordan& S. Marc Breedlove.(2000). Finger-length ratios and sexual orientation. *Nature*, 404, 455-456.

45｜詳參 Voracek M & Offenmüller D.(2007). Digit ratios (2D:4D and other) and relative thumb length: a test of developmental stability. *Percept Mot Skills*, 105, 143-152.

原來這類型研究是有所本的，依照解剖員親訪的心理學者蔡宇哲教授[46]指出，有研究支持胎兒在子宮中接受的雄性素（睪固酮）濃度差異會顯現在手指上，而幼兒在成長過程中接觸雄激素的多寡則會影響大腦的發展，甚至導致日後的某些社會行爲。換句話說，胎兒接觸雄激素的多寡是影響日後某些行爲的主要因素，而手指比例則是判斷接觸雄激素的可能參考指標。不過蔡教授進一步指出，目前也有研究並不完全支持這樣的看法，所以比較好的報導方式，是讓讀者知道手指長度差異可能是睪固酮造成，而睪固酮這種性荷爾蒙會造成一些行爲與生理上的差異。科學新知應該讓讀者瞭解這三者之間的可能連結，如此才算說明完整。

雖然在《聯合晚報》、中時電子報的內文中都有簡單交代胎兒接觸激素與手指比例的關係（拍手稱好），如《聯合晚報》提到：「食指與無名指長度比例較低，顯示曾置身於濃度較高的男性荷爾蒙。」而中時電子報也說：「所謂的指頭比例（即食

46一蔡宇哲，高雄醫學大學心理學系教授、泛科學專欄作家，學術專長是睡眠、生理節律、腦波研究。專欄文章詳參 http://pansci.asia/archives/author/psyct

指對比無名指），與胎兒在母親子宮接觸到的睪固酮有關。」所以，重點是在於食指與無名指的長度比例，可不是像新聞標題所說手指長、食指短這麼簡單或絕對的事，它確實是心理學研究裡面的一項重要課題，也是衆多詮釋人類行爲背後原因的一項可能。因此，不當的標題恐怕會誤導閱聽人的認知。

科學疑點二：實驗如何進行？合理嗎？

這兩則前後發布的「手指新聞」，引用的研究分別來自加拿大麥基爾大學[47]以及俄國的研究大學[48]，這些研究又是如何進行的呢？

加拿大麥基爾大學的研究是找來一五五名參與者，要求參與者在二十天內完成規定的社交活動，每一項至少需持續五分鐘，而且還必須將過程記錄下來，再將紀錄寄回給研究單位，好讓研究人員將這些行爲對照手指比例進行解釋。研

47｜詳參 D.S. Moskowitz, Rachel Sutton, David C. Zuroff & Simon N. Young.(2015). Fetal exposure to androgens, as indicated by digit ratios (2D:4D), increases men's agreeableness with women. *Personality and Individual Differences*, 75, 97-101.

48｜詳參 J.V.C. Nye & E. Orel.(2015). The influence of prenatal hormones on occupational choice: 2D:4D evidence from Moscow. *Personality and Individual Differences*, 78, 39-42.

究結果指出，男性手指比例可以顯示出男性對待女性態度的不同，但是在男性對待男性、或女性本身就沒有明顯的差異性。不過，由於每一個人的生活環境都不一樣，會接觸到的人與情境當然也都不同，若要將他們這些應對行為當作標準，就還需要考慮過程中許多無法控制的干擾因素。這個實驗或許有學理上的重要性，但是要從實驗情境的研究結果直接推演至眞實的生活環境，恐怕還有許多需要塡補的空間。

而另一則俄國的研究表示，對女性來說，在胎兒期接觸較多睪固酮者，在自信心、進取心及勇於冒險的特徵更明顯。此研究的執行過程是，找來一五二七名年齡從二十五到六十歲的成年人（男性六八〇名、女性八四七名），研究人員先測量受試者的左右手的指頭長度比例之後，再請受試者塡寫一份工作型態問卷，研究人員將答案結果對照他們的指長比例。結果發現，手指比例低（接觸較高睪固酮）的女性較可能從事傳統男性的職業，例如：律師或企業主。研究結果也指出這項實驗僅在女性的左手比例得到印證，但是在女性右手手指比例與男性雙手手指比例上沒有明顯的差異性，研究論文的最後則提出可以再進一步發展的可能性。

這兩則研究報告雖然都肯定本身研究的重要性，但也都提出日後進一步發展的可能，以彌補其沒有明顯差異的實驗數據。但我們的新聞報導卻把單一的一則科學研究結果毫不保留地當成眞理般信之不渝，這並非科學知識累積與進展的常態，讀者千萬要冷靜啊！

接著來看媒體上的問題。

媒體疑點一：有操弄標題的嫌疑？

這兩則手指系列新聞，都是在標題直接將「手指長度」搭配聳動的結論，試圖藉機炒熱話題的動機強烈，這是國內媒體最愛的簡化因果手法。即使內情是激素濃度差異，但用手指長度來呈現似乎就很新奇、很吸睛，而且在第一時間就能引起讀者驚呼並想一探究竟。隨手一抓就有好幾個案例，例如：〈無名指比食指長的男性　「生育能力」也比較強！〉[49]、〈研究：食指與無名指長度相差大的人　說話就凶！〉[50]、〈無名指比食指長　較易賺大錢〉[51]、〈無名指比食指長　易爲性愛冒險〉[52]等等，這類「神奇手指頭」的新聞層出不窮，幾乎每隔一段時間就出來亮相，娛樂效果十足，網路轉載率奇高。

更令人臉上三條線的是，中時電子報這篇〈無名指長愛偷吃　食指短強勢〉報導，根本是來自兩個不同的國外研究，前段是來自英國牛津大學的研究[53]，後段則是俄國研究。但中時電子報報導中對於牛津大學的研究只有短短兩行，卻出現在新聞標題的前半段，這篇新聞稿拼貼操作的手法眞讓人瞠目結舌（厲害、厲害）！

回顧國內媒體對於科學新聞的處理方式，大都以「趣聞」或是「恐懼」等誘發讀者情緒的方式來呈現。主要是讓讀者

49｜ETtoday東森新聞雲（2012年9月14日）。〈無名指比食指長的男性「生育能力」也比較強！〉。取自：http://www.ettoday.net/news/20120914/102639.htm

50｜今日新聞網（2013年1月15日）。〈研究：食指與無名指長度相差大的人　說話就凶！〉。取自：http://www.nownews.com/n/2013/01/15/339723

51｜《自由時報》（2009年1月13日）。〈無名指比食指長　較易賺大錢〉。取自：http://news.ltn.com.tw/news/life/breaking-news/170343/print

52｜《蘋果日報》（2010年12月5日）。〈無名指比食指長　易為性愛冒險〉。取自：http://www.appledaily.com.tw/appledaily/article/headline/20101205/33013890/

53｜詳參 Rafael Wlodarski, John Manning & R. I. M. Dunbar.(2015). Stay or stray? Evidence for alternative mating strategy phenotypes in both men and women. *Biology Letters*, 11, doi: 10.1098/rsbl.2014.0977.

「有感」而非「有收穫」，於是盡從國外報導中擷取聳動誇張的內容來餵養讀者，但這種做法完全忽略科學研究者發現問題、解決問題的精神，更可能讓讀者產生錯誤的認知。這些年來光是這個手指主題一直以雷同的面貌重複出現，各家媒體屢試不爽，實在太沒長進了（痛心）！

媒體疑點二：是否照實編譯？

再比對國外新聞原文、原始研究之後更可以發現，臺灣媒體的編譯功力實在慘不忍睹。逐字逐句翻譯下來，不但忽略前後文的脈絡，也導致讀者摸不著邊際。

以中時電子報這篇報導爲例，該篇新聞稿是翻譯自英國《每日郵報》[54]的報導。在新聞標題語氣的使用上，中時電子報的「食指短強勢」，是多麼斬釘截鐵、不容辯駁的氣勢啊！但《每日郵報》的標題可是用了「hint」（暗示）、「likely」（或許）等有待討論的語氣喔。再者，《每日郵報》在標題上

54｜*Daily Mail*（2015年2月23日）。How the length of a woman's fingers reveals her CAREER: Short index finger ints that she's more likely to be in high-powered role。取自：http://goo.gl/dd55WP

已經點明這類研究是女性食指長短與職業選擇、職場企圖心的可能相關，但中時電子報的標題會讓人誤以爲這是男女通用的結論，而且食指短等於強勢，可算是男生、女生傻傻分不清楚的狀態。

接著看看用詞的部分。研究中是以「2D:4D比例」來說明，即是第二手指、第四手指的比例，而新聞報導卻簡化爲食指長短，再次忽略眞實研究所使用的專有用語與實際狀況，也許撰稿者認爲食指長短比研究用語更加讓人易懂吧（無奈）！

最後，中時電子報的報導不僅牽扯中國傳統的「男左女右」：

> 指頭比例差異大，而出現不同生涯選擇，此一現象只在女性身上觀察得到，而且大多流露在左手。這一點，與中國傳統說的男左女右，並不吻合。

還直言人類食指與無名指的比例「可以幫大家瞧出誰較愛劈腿，偷吃小三、小王」，東扯西扯，張冠李戴。臺灣媒體這麼有創意，或許可以跨行兼營徵信社啊！

解剖總結-->要小心太過神奇的研究！

總結前面的解剖結果，這系列的手指研究新聞報導，不但從國外新聞原文照抄，且翻譯過程草率，沒做功課之外還有多處誤解。對於科學研究的推論過程也簡單帶過，只聚焦在手指長度所帶來的戲劇效果，對提昇讀者的科學素養根本毫無助益，甚至有害（仔細看還會因為翻譯太糟而看不懂）。綜合這一次的分析，本解剖室會診結果給這一系列新聞報導評價如下：

十四顆骷髏頭！

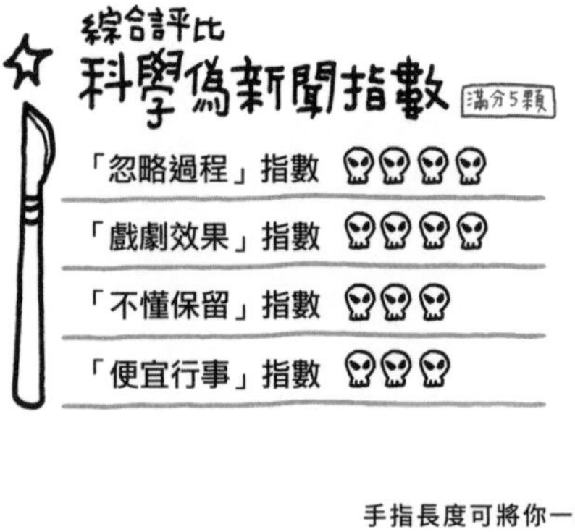

綜合評比

科學偽新聞指數（滿分5顆）

「忽略過程」指數	💀💀💀💀
「戲劇效果」指數	💀💀💀💀
「不懂保留」指數	💀💀💀
「便宜行事」指數	💀💀💀

No.2-2

提神最好的方法：一邊看美女一邊煎培根？!

案情 ---> 令人霧煞煞的「香味vs.提神」事件！

日前解剖員在瀏覽Facebook的時候，看到好友A君分享一則題爲〈男人提神：看見美女效果最好〉[55]的新聞到好友B君的動態時報，只見B君留言表示：「國外這樣的研究太讚了，多多益善啊！」本著研究的精神點開連結，只見內容煞有介事地說明：

英國最新一份研究指出，最能令女性振作的氣味是檸檬，但對男人最有用的是煎培根；另外，大多數男人認爲，要振作精神最好便是瞧見美女……

接著又指出男女振奮的氣味各有不同，列出分別最能振奮男女的項目，並在項目後附上意義不明的百分比，可疑的

55 — 中時電子報（2014年8月20日）。〈男人提神：看見美女效果最好〉。取自：http://www.chinatimes.com/realtime-news/20140820001060-260408

事件在行文間堆積到罄竹難書的地步，不只標題聳動，內容更是空洞不已，爲了拯救臺灣閱聽人的尊嚴（與B君的D槽[56]），解剖員決定好好來抽絲剝繭。

解剖

詭異的氣味「研究」？

科學疑點一：消失的研究過程？

根據解剖員長期觀察編譯新聞的心得，任何科學資訊在正常的情況下經過《每日郵報》和臺灣媒體的「專業加工」和「去蕪存菁」之後，送到讀者手中的新聞多數都已然走味，有時可能會連原始研究者本人都無法認屍，變成多重災難的新聞。因此，當解剖員看到可疑的新聞時，通常都會先找到原始論文來比對。

但這個案例中，解剖員要先坦承，經過了連續三天，嘗試過上百個關鍵字，依然找不到原始的研究論文（這也是衆

56—網路流行語。所謂「D槽」，暗指跟情色相關的影片或放置這個影片的電腦檔案位置。

多疑點之一），所以只能從「中時電子報」的字裡行間與《每日郵報》的原文[57]稍稍推估其可能的研究方法。反覆推敲之後，解剖員認爲以下是唯一透露出研究方法的關鍵句：

這項調查係由Radox公司出資進行，調查廣及全英國。

多虧《每日郵報》和中時電子報大發慈悲保留了這句話，讓我們可以以管窺天，初步推測是「賣香氛沐浴乳的公司」贊助的「氣味研究」，而且是以「調查法」來進行的。

問題在於，此研究主題適合使用「調查法」嗎？問卷設計是否適當？推論出的結果是否合理呢？要討論這個問題，我們首先要先瞭解「調查法」的特性。

「調查法」常應用在社會科學、心理學或傳播學的研究，依調查目的，通常可分爲兩大類：

一、描述性調查(descriptive surveys)：簡單來說就是描述目

57 | *Daily Mail*（2014年8月19日）。Need a pick-me-up? All it takes is a lemon! Citrus scent is the top mood-booster for women - but for men it is the smell of sizzling bacon。取自：http://goo.gl/cL0vrG

前存在的現象。例如：美國勞工部定期對失業人口所進行的調查、尼爾森收視率調查等等。

二、分析性調查(analytical surveys)：試圖解釋某些情形爲什麼得以存在。例如：心理學家調查父母對兒女的態度與青少年問題行爲的關係。

看到這裡，有些人一不小心可能會誤入陷阱：「這篇報導不就是使用描述性調查法調查讓男人和女人振奮的因子嗎？這的確是描述存在的現象，很合理啊！」

如果這篇報導的標題是「男性與女性認爲最能振奮自己精神的因子」並且在行文中適度語帶保留，強調這些數據都只是問卷塡答者「當下的想法」不能作爲醫學上的參考，或許還說得過去，問題是這篇科學新聞以「讓女性最振奮的氣味是檸檬，男性則是煎培根」等錯誤的推論試圖誤導閱聽人。

科學疑點二：神祕的百分比？

我們現在已經知道這篇報導中的「調查法」無法作為醫學上的參考，但這份奇怪的研究在社會科學上站得住腳嗎？如果「研究者」主張「振奮」是主觀感受，所以利用調查法也是合情合理呢？

我們暫且接受這樣的前提解剖下去，回頭檢視一下報導中那神祕的百分比：

只要能夠讓女性聯想到家的氣味，振作精神的效果最佳，像是檸檬功效最佳，接下來分別是現烤麵包（十五％）、乾淨床單（十二％）及新剪下來的花（九％）……能讓男人振作精神就是食物的香味，現煎培根是第一名（十九％），接下來是麵包（十六％）、咖啡（十一％）、魚香薯條（八％）。

在中時電子報中我們完全看不出百分比的意義，但可從《每日郵報》的原文中看出端倪：

More than a quarter of the people polled (28 per cent) said a kiss from a loved one perks them up.

超過四分之一的人（二十八%）認爲被心愛的人親吻可以振奮精神。（《每日郵報》原文中還多了一項「最能男人或女人放鬆的情境」，不過在中時電子報編譯的過程中被忽略了。）

從這句話中，我們可以推論出百分比的意義是：「多少比例的人認爲這個選項的描述可以讓自己振奮精神。」用「最多人認爲可以振奮精神的因子」來推斷「最能振奮精神的因子」本身就是謬誤——前者談的是人數，後者談的是效果——可是報導完全忽略中間的差異，直接以當時受訪的結果推及男人、女人的認知，可以這樣嗎？

科學疑點三：研究主題的背叛？

一份好的調查問卷必須避免模稜兩可的選項，但此「研究」中多數的選項讓人摸不著頭緒，例如：問卷中將明顯具有聽覺元素的「足球比賽」列爲視覺刺激；又例如：炸魚和薯條雖然在英國常常是配套餐點，但明顯是兩種食物卻被視爲一個選項；另外，像「多汁的牛排」（《每日郵報》原文）是菲力還是沙朗、「花的香氣」是什麼花（玫瑰跟霸王花差很多）等等，都值得再商榷。

除此之外，該研究的範圍也過於廣泛，一下說要調查男女分別最能振奮精神的氣味，一下說要調查最能振奮精神的視覺刺激，一下又說要調查最能振奮精神的情境（《每日郵報》原文），報導結尾還突然冒出一天之中最容易累的四分鐘，這個研究的重點完全讓解剖員摸不著頭緒，數疑點都數到手痠了。

最後吐槽一下這個神奇的四分鐘。以社會科學的標準檢視，解剖員找到了 Roger D. Wimmer & Joseph R. Dominick 提出的調查法準則[58]，其中之一就是「不要問非常詳細的問題」，例如：「過去三十天中，你和家人看過多少小時的電視？」受試者根本不可能回答出來這種問題，就算取得了答覆也不可能是眞實情況！想想看，當你收到了問卷上問你：「你一天最累的四分鐘是哪四分鐘？」拜託！你絕對不可能回答出正確答案的！

如果問卷設計是以開放式問答讓受試者自行塡寫一天最累的期間再做疊圖分析，還是犯了與「科學疑點二」類似的錯誤——以「最多人認爲他一天之中需要振奮的四分鐘」來推斷「一天之中最需要振奮的四分鐘」。解剖員耗盡想像力，就是想不出能用調查法合理推論神奇四分鐘的可能性。

接下來看看媒體上的問題。

媒體疑點一：守門人的媒體責任何在？

閱讀中時電子報新聞的同時，解剖員一直在揣測該編輯

58｜詳參 Roger D.Wimmer & Joseph R. Dominick.(2010). *Mass Media Research: An Introduction.* Wadsworth Publishing

在編譯這篇文章時的心態，實在很難想像他「知道自己在做什麼」。

事實上根據《每日郵報》原文，我們很容易可以看出這篇「研究」其實極有可能是Radox公司的宣傳手段，因此所謂的「研究」疑點重重，就算不是科學家，一個具備基本媒體識讀能力的媒體工作者應該不難判斷出其中的疑點，爲什麼會像失能的白血球放任這種媒體病毒進入臺灣新聞產業呢？

根據解剖員的追蹤，這篇新聞進入臺灣最早是由「今日新聞網」在二〇一四年八月二十日編譯發布[59]，其後零星被一些內容農場轉載之外，就只有中時集團底下的《工商日報》和中時電子報隨之起舞。

這或許反映了臺灣新聞產業對科學新聞的忽視，媒體工作者看待新聞專業的態度也讓人冒出三條線。總之，不禁再次懷疑我們媒體新聞的守門人角色是否有好好發揮作用？

59 今日新聞網（2014年8月20日）。〈別再昏昏欲睡了 研究：最能振奮男人精神的就是美女〉。取自：http://www.nownews.com/n/2014/08/20/1378324

媒體疑點二：讀者有查證的權利嗎？

如果媒體工作者做不到初步的篩選，我們退一步說，至少要保留讀者查證的管道！

科學之所以得以進步，在於它必須公開接受質疑與批判，所以在網路時代跟科學相關的新聞應該要附上參考資料的連結以供讀者驗證，提到研究時也應該盡量完整呈述研究過程，或至少提到「專家」、「學者」時應提到其基本資料，讓讀者可以google所謂的「專家」、「學者」講的話可不可信，背後又有沒有其它的利益關係、政治色彩等等。

然而這次報導不只毫無交代研究過程，提到「學者」時連學者姓名都隻字未提，憑什麼要讀者相信這個「研究」成果呢？

不要說提供查證資訊是基本責任，這樣的報導根本是「刻意防止讀者查證」，有品質的科學新聞又何需如此？

媒體疑點三：是科學新聞？還是業配文？

如同「媒體疑點一」提到的，這份研究其實就是Radox公司的宣傳手段。Radox是英國與荷蘭聯合利華（Unilever）公司旗下的品牌，產品包括各種香味的的沐浴乳和泡澡劑，根據《每日郵報》的原文和其後續的宣傳活動訊息[60]顯示，此「研究」發表之後，Radox的產品副理Libby Sherriff熱心地宣布將在英國的滑鐵盧火車站加裝香氛噴霧，其配方就是Radox最新以檸檬氣味爲主的產品，冠冕堂皇地表示希望能讓大家在通勤的時刻振奮精神（實在是好熱心、好棒棒、好可疑）。

長期需要仰賴自身媒體識讀能力自力救濟的臺灣讀者，看到這段一定可以一眼看出這是一則「披著科學新聞外衣的業配新聞」，可惜的是臺灣媒體也許認爲滑鐵盧火車站對於國內讀者來說無法產生共鳴，加上一點點的做賊心虛或是偷懶，編譯時省略了這一大段文字，於是間接造成臺灣讀者閱讀時警戒心下降。

整起研究、調查事件像極了前文〈「十大恐怖外食」，到

60｜宣傳活動，詳參 http://www.allinlondon.co.uk/whats-on.php?event=138427

底多恐怖?!〉的發展，是媒體慣用的操作技倆啊，讀者不可不當心。

解剖總結--->「有意圖的調查法」不是萬靈丹！

當你看到一項科學研究是使用「調查法」時，千萬記得：並不是所有的研究都適合以「調查法」進行！我們必須先搞清楚這個調查所獲得的數據意義是什麼、是否反映現實、是否有其他的意圖，我們可以把自己想像成研究者和受試者：「如果你是研究者，受試者的答案能解釋你要研究的問題嗎？如果你是受試者，你的回答能反映現實嗎？」

藉由這樣初步的想像實驗，我們就可以發現劣質「研究」的疑點，幫助自己作判斷；如果在想像的過程中覺得沒有問題，就進一步分析研究者使用調查數據所做出的推論合不合理，舉此報導爲例，我們很容易可以發現其中的問題。

然而，此報導顯然沒有做到基本的識讀工作，在挑選編譯素材時完全沒有查證，還有不知道是有意勾結還是純粹太天眞，把業配文當成科學新聞報導，便宜行事之餘，對於科學資料的來源、過程、專家的來歷隻字未提，過度刪減而造成多重災難，甚至阻斷閱聽人「自力救濟」的查證管道！綜合這一次的分析，本解剖室給這一系列新聞報導評以如下評價：

十九顆骷髏頭！

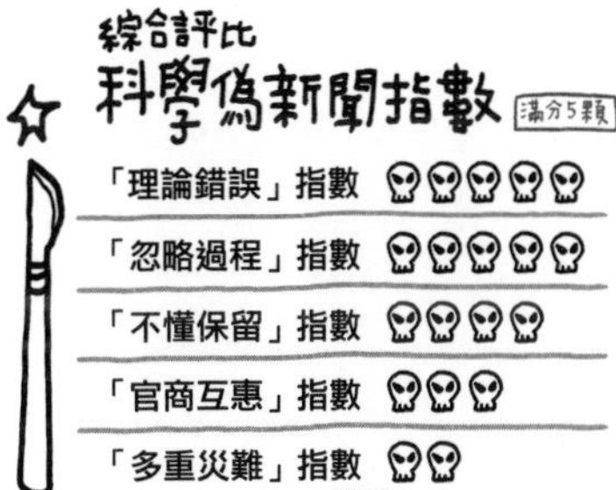

No.2-3

看美女有益健康，娶美女卻會短命?!

案情 ----> 借屍還魂的美女新聞！

二〇一四年七月二十七日，一篇名爲〈看美女有益身心 娶美女卻會短命？〉[61]的新聞指出：

看美女就像凝視著一幅絕美的風景助於身心健康，但你知道凝視美女十分鐘，等於做了三十分鐘的有氧運動嗎？先前有專家指出，每天花一些時間看美女，讓眼部活動數分鐘，可以把心血管疾病、中風的風險降低。不過，另據美國耶魯大學研究指出，把美女娶回家當老婆反而會有反效果，只會減短壽命！

無獨有偶地，「今日新聞網」也刊出一則題爲：〈酷研究／信不信？耶魯大學研究：娶美女當老婆竟會短命〉[62]的報導，

61 — 中時電子報（2014年7月27日）。〈看美女有益身心 娶美女卻會短命？〉。取自：http://www.chinatimes.com/realtime-news/20140727002259-260408

62 — 今日新聞網（2014年7月25日）。〈酷研究／信不信？耶魯大學研究：娶美女當老婆竟會短命〉。取自：http://www.nownews.com/n/2014/07/25/1338489

內容、結構與上述報導雷同。解剖員一看到這兩則新聞標題及第一段內容，不禁嘆了口氣：「不會吧？一模一樣的新聞到底要玩幾次才夠？」

這樣的新聞似乎每隔一段時間就會出現，稍微有一點閱讀新聞習慣的民眾應該對類似的報導不陌生。沒錯，誰不喜歡欣賞美女呢？但是基於解剖員對於科學家的瞭解，就算這個研究主題很吸睛，不過老是得出怪怪的研究結論似乎不是正規科學家喜歡做的事，不由得對這些報導心生疑竇。

解剖

美女如何讓人既健康又短命？

科學疑點一：這項科學研究怎麼做？

這一篇報導來自兩個不同的研究，前半段的研究是「看美女有益身心」，後半段是「娶美女會短命」。

第一個研究中提到「凝視美女十分鐘，等於做了三十分鐘的有氧運動」、「每天花個十分鐘凝視美女好處多多，持之以恆還能使男性平均壽命延長四至五年」。依照科學實驗的設計，到底該研究是如何篩選參與研究的男性健康條件一致？如何不被其他因素干擾「看美女」的結果？如何界定有效的「看美女」？「看美女十分鐘」與「三十分鐘的有氧運動」效果如何換算？如何換算平均壽命延長四～五年？這些問題在實際的實驗場合中，都會出現許多很難控制的變數，該研究可以就這樣輕易下結論嗎？

第二個研究中只提到「透過三五一九位已婚男性與他們妻子進行研究發現，妻子外貌越亮麗，丈夫的壽命就越短」，按理說這麼多參與者應該是用問卷來調查才對，但是用「問卷」可以問出丈夫短命嗎？另一篇今日新聞網的報導，就比較詳細提到：

該研究所研究人員是以已經死亡的三五一九位已婚男性和他們的老婆爲研究對象，交給大學生打分數，設定二十分爲滿分，十四分爲下限，十三分以下是他們認爲相貌平庸者，結果發現妻子得分越高，丈夫壽命越短……

原來是請大學生來打分數！如果是這樣做的話，總共幾位大學生參與評分？一人作幾份（總不會是三五一九份吧）？如何統一評選的標準？爲什麼「大學生」具有代表性？妻子「外貌亮麗」怎麼界定？這些夫妻如何被選出來、社經地位如何？已故男性都沒有其他疾病、意外等因素的干擾嗎？有爭議之處不勝枚舉，這樣做研究也太難、太不準了吧？

科學疑點二：研究數據怎麼推論出來？

科學的發展是不斷演進、累積、除錯的過程，有時候光要證明兩件事物「有關係」，就需要耗費許多心力才可能達成，更不用說要證明兩者的「因果關係」。要證明一件事情的發生是因爲A而造成B，在實驗室中或許還有可能，因爲可以控制住許多變數，讓被實驗的對象除了A因素之外其他的條件都相同，因此如果實驗後發現B結果，當然就可以直接推論B是由A所造成。但是在日常生活中，情況就沒有這麼容易了，因果關係就不是這麼容易可以連結起來。因爲除了A之外，其他包括A_1、A_2、A_3、A_4、A_5……等因素都可以發生影響。

「看美女有益身心」、「娶美女會短命」的兩項研究，就算過程都很嚴謹，結果可不可以這麼直接推論呢？「看美女有益身心」這種說法比較含蓄，是可以接受的，畢竟很難想像看美女會造成身心受創（不過，這種結論有需要大費周章作研究嗎），但是「娶美女會短命」，這可就不得了，它隱含了很強的「因果」口吻：因爲「你娶了美女」所以「你會短命」。就算大學生打分數統計下來的結果，確實是「妻子美貌分數」與「丈夫壽命長短」

有反向關聯性，但這種關聯是機率而不是那麼強大的因果關係。解剖員認識的科學家及研究者，多知道必須基於數據進行推論，以及爲研究下結論一定要很謹慎，所以這篇報導令人傻眼的結論實在很可疑，難不成鼓勵大家都娶醜女、變醜女嗎？

接著，再來看看媒體上的問題。

媒體疑點一：新聞跳針嗎？

依據新聞報導內提到的引用來源，尋線追查，發現中時電子報引用的大陸「新浪網」新聞是二〇一四年六月二十七日刊出的報導[63]，新浪網是全數引用中國「家庭醫生在線」網站的新聞稿，而光是這個網站內就報導「看美女長壽、娶美女短命／折壽」的新聞三次（分別在二〇一三年四月二十七日[64]、二〇一一年九月十一日[65]、二〇〇八年十二月十五日[66]）。有趣的是，這三次的責任編輯都不同，但新

63｜新浪網（2014年6月27日）。〈娶美女真會短命嗎〉。取自：http://health.sina.com.cn/hc/sh/2014-06-27/0706140862.shtml

64｜家庭醫生在線（2013年4月27日）。〈看美女長壽 娶美女短命〉。取自：http://man.familydoctor.com.cn/a/201304/438829.html

65｜家庭醫生在線（2011年9月11日）。〈男人看美女益壽 娶美女折壽〉。取自：http://sex.familydoctor.com.cn/emotion/201109/6305278114233.html

66｜家庭醫生在線（2008年12月15日）。〈男人看美女益壽 娶美女折壽〉。取自：http://sex.familydoctor.com.cn/knowledge/200812/181212111829.html

聞內容卻一模一樣，是湊巧？還是這新聞太重要，一定要每隔一段時間出來亮相，提醒大家這個不能忽視的事情？

不過跳針的不是只有中國的網站，臺灣的媒體也不遑多讓，光是「看美女有益健康」這部分的報導，早在二〇〇四年十月三十一日《蘋果日報》就已刊登過[67]，而且後來更被踢爆根本沒有這項研究[68]。《蘋果日報》還因此在隔天的「錯與批評」欄中，承認引述了網路錯誤的傳言，並向讀者道歉[69]。三年後，「中廣新聞網」又再次出現〈男性每天看美女數分鐘或可延壽四至五年〉[70]的報導，內容和當年《蘋果日報》報導如出一轍。想不到再隔個七年，今天我們又恭逢其盛了。這些新聞是跳針嗎？而且跳針的對象還是已經被狠狠打過臉的新聞（被打完臉至少也應該多少記得那種臉頰痛痛的感覺吧）？

媒體疑點二：誰是祖師爺？

更奇怪的是到底耶魯大學的研究人員是怎麼發布消息

67—《蘋果日報》（2004年10月31日）。〈每天看美女　男多活五年〉。取自：http://drive.google.com/file/d/0BzpA10ZvUFneLVNoUmJkUT-ZLRWM/view?usp=sharing

68—王儷靜、方念萱（2004年11月2日）。〈是新聞或戲劇？〉。取自：http://goo.gl/uSLkec

69—《蘋果日報》在2004年11月3日的「錯與批評」中，針對2004年10月31日刊登〈每天看美女　男多活五年〉的報導提出聲明，指出該則報導轉引自大陸的新浪網、新華網和美國《世界新聞週報》等媒體，未細心查證引用，向讀者致歉。

70—中廣新聞網（2007年12月8日）。〈男性每天看美女數分鐘或可延壽四至五年〉。取自：http://goo.gl/OLHwYO

的？解剖員追溯新聞報導提到的「耶魯大學研究」，卻在網路上遍尋不著這項研究，相關的報導僅見於《*Weekly World News*》（《世界新聞週報》，簡稱WWN）在一九九九年二月九日[71]、一九九六年八月二十日[72]分別刊登同樣以〈Men who marry ugly women live 12 years longer than those who don't, says Yale Study〉爲題的報導（如左圖）。內容提到是耶魯大學的研究，雖然沒有說明是哪個單位的研究、資料出自哪裡，但是參與的受試人員竟也是不偏不倚的「三五一九」人！幾乎可以斷定，這篇始於一九九六年的報導就是這系列新聞的祖師爺，這種二〇一四年與一九九六年之間的超時空對話，雖然讓人覺得疑點重重，但過程眞的是太浪漫了（是嗎）！

而身爲這一次事件祖師爺的《世界新聞週報》，是美國一九七九年至二〇〇七年間發行的小報，以報導超自然現象、外星人綁架、尼斯湖水怪等奇人軼事議題爲主。想不到在祖

71 | *Weekly World News*(USA)(1999年2月9日)。Men who marry ugly women live 12 years longer than those who don't, says Yale Study。取自：http://drive.google.com/file/d/0BzpA10ZvUFneZ3dDZnFlQ1h0OEk/view?usp=sharing

72 | *Weekly World News*(USA)(1996年8月20日)。Men who marry ugly women live 12 years longer than those who don't, says Yale Study。取自：http://drive.google.com/file/d/0BzpA10ZvUFneTDNBZDRodEtYV28/view?usp=sharing

師爺作古之後，我們的媒體仍可以從墳墓裡把這些舊聞挖出來充版面，佩服！佩服！佩服！

媒體疑點三：這些新聞為何來？怎麼來？

前文提到這系列新聞內容幾乎全數引用大陸新聞的報導：

WEEKLY WORLD NEWS

August 20, 1996 $1.99/$1.19 CANADA 70p U.K.

Men who marry ugly women live 12 years longer than those who don't, says Yale study

By RANDY JEFFRIES / Weekly World News

NEW HAVEN, Conn. — A new study shows that men who marry ugly women live an average of 12 years longer than men who marry beauties!

Researchers at Yale University followed the medical histories of 3,519 married men, noting the age at which they died. They showed the men's old wedding photographs to a panel of male college students and asked them to rate the wives' looks from one to 20 — the more beautiful the woman the higher the score.

Researchers found that women whose looks ranked 14 or higher were widowed at an alarmingly early age, while the homely women's husbands lived well up into their 80s and 90s.

The findings come as no surprise to noted psychologist Dr. Edgar Dabblen, whose specialty is human stress and its causes.

"Jealousy is a highly stressful emotion," said Dr. Dabblen. "And men with gorgeous wives live in a constant state of it. Everywhere they go they see other men scheming and lusting after their women. They know that if they slip up — if they displease their women even slightly — there are 100 other men waiting to jump in and take their places.

"And the attractive wives are well aware of this dynamic. They often use it to gain leverage with their husbands. For instance, if the husband won't take out the garbage, the pretty wife might say, 'I bet Joe Blow would take it out for me.' And the husband gets the message.

"On the other hand, if an ugly woman says, 'Take out the trash,' the husband can just sit on the couch and say, 'Do it yourself.' This response, when done repeatedly, can add years to his life.

"Over the years, men with pretty spouses do about 80 percent more stressful errands around the house — like mowing the lawn, making home repairs, lifting heavy things into the attic and even doing housework like washing dishes and vacuuming the carpet."

Dr. Dabblen, 41, stops short of advising men to marry ugly women. "We have to marry for love, not so that we can live longer," he points out.

"But if you do marry an attractive woman, just be aware of the facts and be willing to pay the price."

Dr. Edgar Dabblen

WOULD YOU MARRY a hideous looking woman to add years to your life?

Wouldn't it be nice to retire to some place like Walden's Pond and let duress of the world go by?

《世界新聞週報》的報導

今日新聞網是直接全數引用「家庭醫生在線」，中時電子報的報導就更誇張了，是「根據大陸新浪網報導指出，引述家庭醫生在線報導」，新聞稿中詳實記錄引用的過程，竟然是第三手資料啊（這算一種誠實的美德嗎）！再進一步來看，大陸的報導則是組合了過去兩個過時且錯誤的研究，並一再回鍋。

過去有些媒體還會搜尋並編譯西方媒體的原始新聞，想不到現在更取巧了，直接撿用中國的新聞，連翻譯的功夫都省下來了。顯然我們的媒體對於科學新聞已經便宜行事成慣性，沒有了最基本的查證精神，動輒擷取現成的報導，抓到資料後稍微修改字句後就交差了事，真擔憂臺灣媒體是不是已經陷入無法幫閱聽人生產有意義的科學新聞的處境了？

解剖總結：引用國外媒體的新聞要三思！

這系列科學新聞胡亂引用未經查證的研究報導，缺乏對

於科學事件追根究柢的精神，便宜行事；對於科學資料的來源、過程及合理性均疏於說明及交代，對於事證的推論亦過於直接與武斷，僅聚焦在「美女vs.健康／壽命」的戲劇效果，無法給予閱聽人客觀事件的整體樣貌。綜合這一次的分析，本解剖室給這則新聞報導評以如下評價：

十五顆骷髏頭！

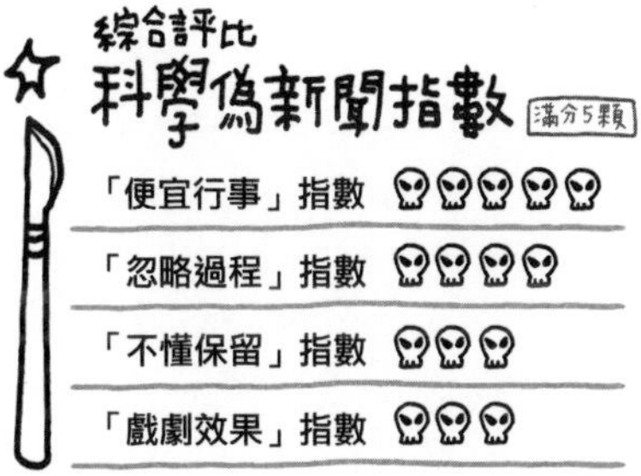

綜合評比
科學偽新聞指數 滿分5顆

「便宜行事」指數	💀💀💀💀💀
「忽略過程」指數	💀💀💀💀
「不懂保留」指數	💀💀💀
「戲劇效果」指數	💀💀💀

No.2-4

男人寧可餓肚子也要選擇性愛?!

案情

矛盾大對決之「口慾vs.性慾」事件！

某一天的午餐時間，解剖員在網路上看見一則《自由時報》的新聞，題爲〈英研究：男人寧願餓肚子也要做愛〉[73]，內容指出：

英國最新一項研究指出，男人同時面對性需求以及飢餓狀態時，其神經細胞會主動忽略飢餓感，專注在性愛上。助理教授道格拉斯(Douglas Portman)稱，這樣便能解釋男性和女性存在的某些差異……

解剖員當下不禁想是不是應該把午餐省下來去找個伴侶？如果男人都眞有這麼飢渴，餐飲業店家的生意可能會減低不少。「看美女有益健康」[74]的報導讓男性有了看美女的藉

73—《自由時報》（2014年10月17日）。〈英研究：男人寧願餓肚子也要做愛〉。取自：http://news.ltn.com.tw/news/world/breakingnews/1134010

74—詳參前文〈看美女有益健康，娶美女卻會短命?!〉。

口，如今變成坐而視不如起而行，這一類的新聞豈不是給男人更多滿足個人私慾的藉口嗎（解剖員的男性友人表示，這樣的國外研究真是人類救星啊！嘖嘖）？而且「餓肚子」跟「做愛」，在科學上到底要怎麼比較呢？會準確嗎？真是令解剖員百思不得其解，顯然是一則相當詭異的新聞啊！

解剖

是誰的「口慾」與「性慾」？

科學疑點一：這個實驗怎麼做？

該新聞中提到：

……研究人員透過一種叫做AWA的神經元，觀察出其在同時面對飢餓以及性需求的當下，會主動忽略飢餓感，選擇順從自己的性需求。

報導中並沒有提到任何有關於實驗如何進行的細節，僅把聳人的結果拿出來陳述。從標題觀察，如果要進行實驗測試，可能至少得將一名男性、一堆香氣四溢的美食以及一名貌美的女性同時安置在一間房間內，此時男性和女性必須是要處在餓肚子的情形下，然後由研究人員觀察兩人在房間內的互動。但仔細想想，這樣的實驗似乎不太容易控制變數，或許男性受測者的條件再新增剛看完色情影片的前提，說不定會更符合這個實驗的預期(笑)。此外，內文沒有說到實驗對象的年齡，若以科學實驗的完整性來考量，或許還要觀察所有年齡層的互動情形，而多設計幾個觀測組來進行更全面性的驗證，才能得出客觀的結論吧？

不過這樣的實驗設計與控制實在不容易，解剖員想破頭也想像不到實驗到底是如何進行，而本篇新聞內容也完全沒提到實驗如何操作，只是隨便取了國外研究結果就寫成一篇「簡潔扼要」的新聞稿，要民眾買單，雖然標題的確讓人很難移開視線，但內容著實充滿太多問號了！

科學疑點二：人與蟲，傻傻分不清楚？

爲了這些實驗設計上的疑惑，解剖員找來了原始研究的紀錄。根據原始研究論文[75]，這個研究的對象其實是一種蛔蟲(roundworms)，研究內容是針對兩種性別的蛔蟲對於「食物」和「性」的追求程度進行分析。研究團隊發現，「雄性」身上對於食物的味覺受器相較於「雌雄同體」(hermaphrodites)來的少許多，因此，當他們將「雌雄同體」與「雄性」以圓環狀放置於培養皿，並且用食物作爲隔離時，發現了兩種截然不同的行爲：「雌雄同體」的蟲會吃食物，但「雄性」的蟲則會繞過食物尋找交配的對象。

在《華盛頓郵報》[76]的報導中就有提到，研究團隊表示當社會大眾看到這篇報導時，可能理所當然會認爲「噢！眞不愧是典型的男性會有的表現」，但事實是雄性蛔蟲去找交配

75｜詳參Deborah A. Ryan, Renee M. Miller, KyungHwa Lee, Scott J. Neal, Kelli A. Fagan, Piali Sengupta & Douglas S. Portman.(2014). Sex, Age, and Hunger Regulate Behavioral Prioritization through Dynamic Modulation of Chemoreceptor Expression. *Current Biology*, 24, 2509-25174.

76｜*The Washington Post*(2014年10月20日)。Males may search for sex instead of food because their brains are programmed that way。取自：http://goo.gl/vwe0ml

的對象，可能只是因爲他們的食物嗅覺不夠敏銳罷了！

回過頭來看國內的報導，竟然完全沒有提到實驗對象是「蟲」，而非人類。蛔蟲跟人類之間可以這麼簡單類比嗎（下次要不要透過雄性蛔蟲來推論男人喜歡「吃土」還是「吃菜」呢）？科學研究的結果對於不同對象的推論，需要十分嚴謹的過程，而臺灣媒體「看到黑影就開槍」的能力，眞的令人大開眼界！

接下來看看媒體上的問題。

媒體疑點一：被嫁禍的「英國研究」？

說到這篇研究的出處，新聞標題大大的指出是「英國研究」，這樣的標題給速食閱讀者提供了一定的可信度，好像看到是國外研究就會覺得比較有權威、比較有公信力。但這次經過追查發現，本文中提及的助理教授道格拉斯（Douglas Portman），其實是來自University of Rochester Medical Center，而這間醫學中心位在美國紐約。

唯一有可能跟「英國研究」有關的，解剖員大膽推測這該不會又是翻譯自臺灣媒體最愛的英國《每日郵報》報導吧？果不其然，經過解剖員鍥而不捨地搜尋，果然在《每日郵報》找到這篇題爲〈Leg or breast? Male brains are wired to ignore food if they think sex is on the menu〉[77]的類似報導，雖然這一篇報導標題的煽情程度跟《自由時報》難分軒輊，但是至少人家在內容還提到了這是一篇「蟲」的研究。

此外，解剖員還找了幾篇國外相關報導：《*Science Daily*》[78]、《*The Telegraph*》[79]，沒有一篇提到這是「英國研究」。總不要因爲老是抄英國媒體的報導，就一併把研究的功勞也送給英國吧？或許也因爲國內媒體的「努力」，讓「英國研究」在臺灣變成是可笑的、不可盡信的代名詞，就讓我們爲背黑鍋的「英國研究」默哀三分鐘吧！

77｜*Daily Mail*（2014年10月17日）。Leg or breast? Male brains are wired to ignore food if they think sex is on the menu。取自：http://goo.gl/Mbw8Tx

78｜*Science Daily*（2014年10月16日）。Are male brains wired to ignore food for sex? Nematode study points to basic biological mechanisms。取自：http://goo.gl/gTgyS8

79｜*The Telegraph*（2014年10月16日）。Male brains wired to ignore food in favour of sex, study shows。取自：http://goo.gl/rkVVjO

媒體疑點二：煽色是王道？

曾幾何時，只要新聞內容跟「性」扯上關係，幾乎是等同於獲得成功炒作話題的入場券，社會大衆在觀賞新聞時若看見類似這樣獵奇的標題難免多加駐足，漸漸地，媒體也養大（或養壞）了觀衆的胃口。

撇開這整個研究背後的實驗過程或理論基礎是否被詳細說明，我們來看看媒體朋友在翻譯過程中下的苦功。國內這篇新聞報導是在十七日，而研究成果線上刊登在「Current Biology」的日期是十六日，相隔僅有一天，只能說國內媒體是非常認眞跟隨國外科學研究的腳步。不過，如果這一篇研究是聚焦在蛔蟲之消化機能的探討，那麼你想要在臺灣媒體看見相關報導，也許要等下輩子吧！

可見只要科學新聞主題辛辣一點，就可以成功地銷到臺灣來，因爲八卦、煽色是王道，可是這樣符合比例原則嗎？

解剖總結-->引用國外研究要做對功課！

總結前面解剖結果，顯然這一則新聞缺乏交代科學事件中最基本的訊息，相關的考證亦錯誤百出，不僅忽略了實驗的來龍去脈，更讓聳動的新聞標題誤導閱聽人的判斷。這樣的報導只會讓大眾對科學研究的眼界放在最膚淺的標題層級上，實在是非常不應該。綜合這一次的分析，本解剖室給這則新聞報導評以如下評價：

十一顆骷髏頭！

綜合評比
科學偽新聞指數（滿分5顆）

「忽略過程」指數 💀💀💀💀

「戲劇效果」指數 💀💀💀💀

「多重災難」指數 💀💀💀

No.3

親朋好友足感心

No.3-1

小心！香噴噴的「滷汁」變成「化學毒湯」?!

案情 ------> 致命的滷汁！

在寒冷的冬夜，宵夜的首選當然是來一份熱呼呼的滷味，那可是冬天的一大享受，瞧那一鍋深色滷味湯汁不停地滾燙冒泡，無論是視覺、味覺或身心都覺得暖意一陣一陣地湧上來。

但是，就在這天，解剖員在LINE的家人群組中瞥見〈恐怖加熱滷味！滷汁煮了又煮　恐早已成「化學毒湯」〉[80]爲題的新聞，只見家人一人一句，最後結論就是滷味太可怕了，拒吃（晴天霹靂）！

該篇報導內容指出：

加熱滷味的滷汁煮了一整天，到底有沒有換過？各種不同食材，全都丟進這一鍋鍋大黑湯，不斷煮過，這滷汁裡恐怕成了「超級食物添加劑化學湯」！

80｜ETtoday東森新聞雲（2014年12月4日）。〈恐怖加熱滷味！滷汁煮了又煮　恐早已成「化學毒湯」〉。取自：http://www.ettoday.net/news/20141204/434259.htm

滷汁一直熬煮竟然會變成一鍋化學湯？眞的假的？有這麼恐怖嗎？那多數滷味攤標榜「獨門湯底」、「越滷越香」又是怎麼一回事？這一切的一切實在是太多疑點了，跟著解剖員一起瞧瞧這件事的眞實面目吧！

解剖

「滷汁」還是「化學汁」？

科學疑點一：食品添加物溶入湯汁，安全嗎？

許多滷味老闆都會強調自己是「獨門老滷」，從早滷到晚，越滷越香，甚至有的以數年不換的「老滷」自豪，其中的關鍵問題是：食材中的化學添加物（抗氧化劑、防腐劑等）會不會溶入湯汁中？或是——會有多少比例溶入湯汁中？假設食材中大部分的添加物都會溶入湯中，那各位就可以放一百二十個心，安心食用「滷過」的滷味吧！因爲，這些被「毒物專家」深惡痛絕的含毒食品經氽燙後，添加物都會溶出，而經數十（或數百）日「煉製」的滷味湯汁，只要打烊後關火冷卻，鍋中肯定可以結晶析出一堆添加物的結晶鹽——說得誇張點，只要商家撈掉這些「異物」之後又可再做生意，反正湯汁是不賣的，客人也喝不到，賣出的滷味已涮掉了所含的不良物，皆大歡喜。

但是，一般市售滷味通常是連著湯汁一起賣的，一位著名滷味老闆曾說他每天約留下五分之一「老滷」作爲湯底，已數年未換。假設食材添加物溶入湯汁的量是一定值，姑且記爲a，第一天留下作爲湯底的量爲b，此時添加物含量爲ab。第二天再加入a，賣出的成分是ab+a，當天又留下b，這時含量爲（ab+a）b=ab²+ab。第三天再加入a，賣出的成分是ab²+ab+a，當天又留下b，這時含量爲（ab²+ab+a）b=ab³+ab²+ab。如此經年累月（n日）後賣出之含量爲 $ab^n+ab^{(n-1)}+\cdots\cdots+ab^3+ab^2+ab+a=a(b^n+b^{(n-1)}+\cdots\cdots+b^3+b^2+b)+a=\frac{ab(1-b^n)}{(1-b)}+a$（剛好是國中數學的等比級數求和，Hum~~，所幸是收斂級數）。

當$b<1$，b^n趨近於零，上式等於$\frac{ab}{(1-b)}+a$。以前述老闆所留比例爲二〇％計，第n日後，哪怕n趨近無窮大，賣出濃度也只是1.25a，只比第一天高出二十五％。同理，若是一天內就添加數次（n次），其結果也是一樣的。而且，這是基於溶入湯汁的量是一定值所估算的結果，事實上，當溶液中已溶有相同物質時，將會減少此物質之溶解度，因此，實際上溶入湯汁的添加物會比上述所估計的量更少。

所以，只要添加的食材是合格的（巴拉松和砒霜當然不算），滷汁不會因爲「老」而風險大增，民眾可在這點上放心（即使政府的把關讓我們很不放心）。

科學疑點二：毒不毒關鍵在於「量」？

該篇報導中還指出：

像是貢丸裡面，就需要用到結著劑，也就是磷酸鹽，磷酸鹽對於有腎臟疾病的患者，有機會讓病情惡化，若攝入過多的磷酸鹽，原本健康的人也可能吃出血管鈣化或是心血管疾病。

另一段也指出：

滷汁如果不常換過，青菜裡面的亞硝酸鹽類，也可能直接溶進湯裡面，導致滷汁的亞硝酸鹽濃度飆高。而亞硝酸鹽，就曾有研究指出，對於健康的傷害風險，不亞於蔬菜上的農藥殘留，更是主要的致癌因素之一！

這整段都沒有提到所謂的「過多」定義是什麼，而將重點放在可能引發的疾病上，令人不安。

若我們將類似的報導更換化學名詞，例如：食鹽，也就是氯化鈉，就變成「對高血壓的患者，有機會讓病情惡化，若攝入過多的食鹽，原本健康的人也可能吃出心血管疾病。」相同的邏輯，只要燒菜時加鹽（trust me，菜湯中食鹽的含量離危險值會比滷汁中亞硝酸鹽和磷酸鹽離危險值要近得很多），菜湯都等於是「化學毒汁」，但我們會因此而不燒菜嗎？會因此而禁用食鹽嗎？而心血管疾病的肇因只有食鹽攝取過量嗎？

日常生活中，我們經常看到這樣模式的報導：「研究指出，過量的ＸＸ物質與○○症有高度相關」（不論研究是否可信，不論是否有因果關係），或是「在常見的ＹＹ食物中可能含有ＸＸ」（不論多寡，或也可能沒有），而容易自行連結推論出要「嚴禁ＸＸ以避免罹患○○症」的結論。我們的媒體最喜歡經由訪談專家之後，將這兩者連在一起，把民眾嚇得要死，偏偏這類「不懂保留」的新聞層出不窮，時時攻占媒體版面引起民眾驚慌，所以我們一定要小心再小心，避免陷入莫名的恐慌之中。倒是同一食材不要超量攝取，要有分散風險的概念，這可是食物安全的基本常識，不可不留心。

接下來看看媒體上的問題。

媒體疑點一：天下新聞一大抄，越抄越「失真」？

因爲關係到個人的冬日飲食偏好與廣大民眾的飲食安全問題，於是解剖員馬上展開對相關報導的搜索工作，但如此與民生切身相關的重要問題卻只有「東森ETtoday」、「uho優活健康網」[81]、「中時電子報」[82]等三家媒體刊登報導。

逐一比對三家媒體之後發現，ETtoday東森新聞雲的新聞是從uho優活健康網原封不動地搬移過來，連新聞標題都是〈恐怖加熱滷味！滷汁煮了又煮　恐早已成『化學毒湯』〉，而這點也在解剖員造訪uho優活健康網之後得到解答：在uho優活健康網網站首頁下方列出的「授權媒體」當中，東森ETtoday就是其中之一。

再來看看中時電子報的報導，明顯可以看出其報導是ETtoday東森新聞雲或uho優活健康網（簡稱原新聞稿）的

81｜uho優活健康網（2014年12月4日）。〈恐怖加熱滷味！滷汁煮了又煮　恐早已成「化學毒湯」〉。取自：http://www.uho.com.tw/hotnews.asp?aid=35024

82｜中時電子報（2014年12月9日）。〈加熱滷味越煮越毒?!專家：成一鍋「化學汁」〉。取自：http://goo.gl/b4Egj9

精簡版，不僅沒有負責任地說明報導的來源，也遺漏了原新聞稿的資訊，例如：原新聞稿中提到的「林口長庚毒物科顏宗海醫師」變成了「專家」二字、「化學毒湯」變成「化學汁」等等。而原新聞稿中「亞硝酸鹽，就曾有研究指出，對於健康的傷害風險，不亞於蔬菜上的農藥殘留，更是主要的致癌因素之一」，經過中時電子報轉載，竟然變成「專家說」，把別人的研究硬塞到專家嘴裡，這樣可以嗎？精簡過頭了吧！

國內媒體在援用國內、外新聞時多數會忽略資料來源，若不經查證，很多事實在轉載的過程中會逐一失真，你想看的是這樣的新聞嗎（以下省略十萬字）？

媒體疑點二：是健康資訊站？還是醫美、健康食品購物網？

前述提到，ETtoday東森新聞雲是uho優活健康網的授權媒體，解剖員就是靠著ETtoday東森新聞雲新聞稿最後列出的「資料來源」，追查出這篇報導的起點。

這一則報導是來自uho優活健康網，乍看之下是個提供健康資訊的網站，但解剖員忍不住好奇，試著瞭解這網站背後運作的模式，看看是單純的健康資訊網？還是有其他玄機？

除了上述提到的「授權媒體」之外，點擊各項標題，相關頁面[83]會出現數十個羅列整齊的合作媒體、公益團體、策略聯盟、供應廠商等，可見這個網站並非單純以健康新聞（科學新聞）爲主的媒體，而是各領域的集散地。網站首頁充斥許多醫美、健康食品的廣告，也清清楚楚、分門別類列出各科專業醫師的介紹，如專長、學經歷、診所位置等資訊，而在各種疾病的網頁中也會出現相關藥廠的大名，不禁令人懷疑，這究竟是健康資訊提供站？或是各家廠商的廣告布告欄？解剖員在此不多說，就留給大家去判斷了。

如果以健康知識吸引人們點閱的網站所提供的新聞資訊，卻是想引導民衆進入網站後成爲實實在在的消費者，那

83｜詳參http://www.uho.com.tw/partners.asp

麼我們就應該要小心再小心，才不會迷失在以健康新聞為包裝的消費陷阱中（筆記ing）。

解剖總結--> 不要相信太簡化、太恐怖的科學新聞！

總結前面的解剖結果，這一系列科學新聞報導反映出臺灣媒體缺乏對食品化學添加物的正確認知，與進一步查證的求眞精神，利用「化學」二字在新聞標題上大做文章，嚇唬閱聽人。此外，媒體雖找來專家背書，卻過度強調食品添加物與疾病間的因果關聯，忽略其他的可能性，蓄意引起民衆恐慌。綜合這一次的分析，本解剖室給這一則新聞報導評以如下評價：

九顆骷髏頭！

綜合評比
科學偽新聞指數（滿分5顆）

「關係錯置」指數 ☠☠☠☠

「忽略過程」指數 ☠☠☠

「官商互惠」指數 ☠☠

No.3-2

電子鍋內鍋會煮出「毒飯」嗎?!

案情 ----> 電子鍋內鍋煮飯有毒！

暑假尾聲，解剖員在Facebook上瞥見朋友分享「ETtoday東森新聞雲」以〈電子鍋內鍋煮飯有毒？婆媽崩潰：已經服毒好多年了！〉[84]爲題的新聞，並呼籲大家快點換鍋，驚悚的標題馬上吸引了解剖員的目光（眼珠子差點掉出來）。報導內容指出：

> 專家表示，（內鍋）也許一些小刮痕當下看不出來，但用個三、五個月後，原本晶亮的內鍋變得霧霧的，這就是出問題了！然而這也代表過去這些日子，自己和家人都默默吃下不少「毒飯」。

想想看，如果我們每天吃的飯竟然是「毒飯」，這還得

84｜ETtoday東森新聞雲（2015年8月27日）。〈電子鍋內鍋煮飯有毒？婆媽崩潰：已經服毒好多年了！〉。取自：http://www.ettoday.net/news/20150827/554875.htm?from=fb_et_news

了！解剖員第一時間搜查後發現，這議題不是第一次出現，網路上也不乏對鐵氟龍塗層的澄清文，但這次的新聞可是出自一百多萬人按讚的網路媒體，傳播力不容小覷，加上電子鍋是這麼重要而且普及的家電，如果吃飯變成「服毒」（奇怪，怎麼腦中一直浮現出吸食安非他命的畫面），這件事就變得相當重要，絕不能輕易放過（緩緩拿起解剖刀）。

解剖 --->

毒飯哪裡來？

科學疑點一：要加熱到幾度才能煮出「毒」？

該新聞中提到，電子鍋的內鍋多是鋁製品，表面會塗上鐵氟龍防止飯粒沾黏，而鐵氟龍在加熱後會釋放毒性，讓白飯變成毒飯。首先，我們來瞭解一下鐵氟龍是什麼：鐵氟龍（聚四氟乙烯）[85]是鍋具塗層中的主要物質，在常態下無毒，但是在加熱過程中，二六〇度以上會開始變質，三五〇度以

85 一 鐵氟龍（聚四氟乙烯），詳參 http://goo.gl/w8ZYeJ

上就會產生分解。這下子問題來了，一般用電子鍋煮飯，溫度會高達二六〇度嗎？答案是「很難」，甚至可以說是「不可能」。

眾所周知，水的沸點是一〇〇度，但沸點可依壓力增加而提昇，家用快鍋（壓力鍋）就是利用密閉原理提高壓力，在沸點提昇的環境下增快反應速率，縮短了烹煮的時間。而一般壓力鍋可承受的壓力有多大呢？以德國製的WMF壓力鍋爲例，最高可達到一五〇千帕（kPa）[86]，大約是一．五大氣壓，此時水的沸點大約是一一九度；而二六〇度的水要維持不沸騰則是需要四六九二千帕，大約四十七大氣壓，在這樣的壓力下，壓力鍋早就爆炸了。電子鍋（密閉性尚不如壓力鍋）能煮出飯，表示溫度不會超過一二〇度，也就是說，離鐵氟龍開始變質的溫度還差得很遠很遠！所以與其擔心鐵氟龍會不會變質，還是先擔心鍋子會不會爆炸比較務實一些吧！

86 | kPa，詳參 http://goo.gl/h6QZzG

科學疑點二：要吃多少才會致癌？

再來，報導中提到美國已在二〇〇六年證實，添加在鐵氟龍中的「全氟有機酸」(PFOA)[87] 對人類有潛在致癌作用。解剖員認爲，這應該還是「量」的問題：要吃多少才會致癌呢？製造鐵氟龍時固然會加入新聞中所說有潛在致癌作用的「全氟有機酸」，但製成產品後還會殘留多少？對人體有害嗎？我們不妨從以下兩點去考慮：

第一、添加劑的量有多少。添加物的使用目的是利於製造，既是添加物必然不會喧賓奪主，何況藥品還要成本，製造商不太可能毫不節制地使用。解剖員本身曾任職化工廠製造工程師（生產壓克力和AS樹脂），深知儘管聚合反應[88]未完全的單體[89]（可能溶出之物質）已經很少，在製粒程序中還要加熱熔解，再以真空幫浦抽出以去除殘留。經過多重處理工序，還是會有極少許的殘留，因此公眾對此總有所顧忌，只是這個「配角」的量真的是少之又少。

87｜PFOA，詳參 http://goo.gl/6MGrQs

88｜聚合反應，詳參 http://goo.gl/E82wZV

89｜單體，詳參 http://goo.gl/8eoL-je

第二、從總量來思考。即使製造過程中有殘留，但是殘留的量微乎其微，更可以確定的是被製成食物容器或鍋具後，殘留的量就是那麼多，絕對不會再增加（總量就那麼多嘛）！如果加熱過程會釋出，那必定越來越少。以電子鍋內鍋來說，就算塗層含PFOA，所含的量也必然不多，照理說，煮越多次不是越安全嗎？

更簡單來說，要嘛不會溶出，要嘛溶出有限，所以即使「服毒」多年，也離「致癌」有相當距離。倒是內鍋使用久了會出現刮痕，會大幅降低「不沾黏」的效果，也許這才是考慮換不換鍋的時機。

接下來看看媒體上的問題。

媒體疑點一：新型態的「類內容農場」？

當網路變成生活中不可或缺的一部分之後，新的媒體型態也跟著一一冒出來。二〇一四年，「內容農場」在臺灣網路世界殺出一片天[90]。所謂的「內容農場」是以取得網路流量爲主要目標，賺取網路廣告等商業利益的專業公司，利用各種方式生產大量品質不穩定的網路文章，並且針對熱門的關鍵字去製造內容，以提高點閱流量。而Facebook、LINE等社群媒體的風行也使得「內容農場」的發展更加猛烈，解剖員就常在LINE上收到來自親友轉發的新聞，屢屢被標題及內容嚇得（或笑得）合不攏嘴，只能說佩服、佩服。

而現在，有一些主流媒體網站的部分內容也開始有「內容農場」的味道，這些文章多半素質不佳、有廣告意味、喜歡用誇張的標題吸引讀者點閱、缺乏可信來源或直接援引內容農場文章，例如：〈老婆說開車被撞　要老公調行車記錄器看結果……〉[91]、〈嚇傻！女孩腹部劇痛　檢查竟發現肚中有三條蛇〉[92]等等，不勝枚舉，標題吸睛指數超高，你說你說，這能不點開來瞧瞧嗎？

回過頭來看看這篇電子鍋新聞，當中有一張圖片的來源

90｜詳參http://www.bnext.com.tw/article/view/id/35528

91｜ETtoday東森新聞雲（2015年9月9日）。〈老婆說開車被撞　要老公調行車紀錄器看結果……〉。取自：http://www.ettoday.net/news/20150909/561847.htm

92｜中時電子報（2015年9月4日）。〈嚇傻！女孩腹部劇痛　檢查竟發現肚中有三條蛇〉。取自：http://photo.chinatimes.com/20150904003649-260809

是「讀者姚先生」，這是哪位？眞的是用內鍋洗米才造成嚴重刮傷的嗎？其中有一張掉漆圖片[93]更是匪夷所思，雖負責任地標注圖片是來自babyhome網站[94]，但原網站討論的對象可是平底鍋啊，而非新聞所說的電子鍋內鍋。雖然都是掉漆，但卻是風馬牛不相及。另外，這篇新聞中出現「專家表示……」、「根據調查……」等字眼，看起來好專業、好棒棒，但卻都沒有說清楚是哪位專家、什麼調查。此外，倒數第二段的內容也令解剖員大爲吃驚：

> 科技已大幅進步，但仍不見電子鍋全面採用食用級三〇四不鏽鋼內鍋，也許是因爲廠商一方面要開發新產線，一方面要回收行銷全球的舊產品，將會產生無法想像的高額成本，就商業考量來說的確很難實現。

這……難不成是記者自己的推論？好歹也應該訪問一家

93｜詳參 http://666kb.com/i/cci7rntlt4q292s3.jpg

94｜詳參 http://www.baby-home.com.tw/mboard/topic.php?bid=6&sID=4070386

廠商來確認眞相，如此不經查證就寫成一篇報導，這實在太「內容農場」了啊！姑且把這種消息來源不明、欠缺佐證資料、標題誇張不實，性質介在「傳統新聞媒體」跟「內容農場」之間的新興產物稱之爲「類內容農場」——這東西在網路上有越來越多的趨勢，大家小心啊！

媒體疑點二：「類內容農場」是一門好生意？

解剖員剛開始搜尋相關新聞時注意到，在這篇新聞頁面會不斷出現某鍋具產品的廣告[95]，一開始以爲這篇新聞應該是業配文，但繼續搜尋下去又發現另一個報導此篇新聞的網站也有廣告[96]，只是兩個網站的鍋具廠商有所不同，而重新點開新聞網址時，卻不一定會出現相同鍋具的廣告。所以這應該不是單純的業配文，那麼，爲什麼網站會出現這些廣告呢？廠商與網站之間是如何配合、運作的呢？

爲了解答這個疑惑，解剖員請教了中二網路媒體人陸子

95｜詳參 http://goo.gl/2xWrVX
96｜詳參 http://goo.gl/0UiWu7

鈞先生[97]，才瞭解到前面提到的「內容農場」，和現在要談的廣告運作可大有關係。「內容農場」網站刊登大量又獵奇的文章，可不是要讓讀者「認識這個世界」[98]，賺取網路流量才是主要的目的。越是驚奇、曖昧不明的標題越能挑起讀者好奇心，不論看完文章後覺得很感動或是很瞎，都是分享給親友的好話題，而點閱率就這樣不斷地攀升，此時「內容農場」就可以透過「聯播網廣告」[99]來大獲利潤。

什麼又是「聯播網廣告」?「聯播網廣告」的運作方式是先有個聯盟和大量網站簽署合作契約，之後透過相關參數的運算（所以鍋子文章就容易跑出鍋子廣告），將廣告散布到所配合的網站中，不僅可以使產品訊息大量曝光，也可以讓合作的網站賺取費用。流量越高，點擊廣告的次數就越高，獲利就越高，因此文章的真實性、來源都不重要，點閱率和流量才是王道。陸子鈞指出，目前最大的聯播網聯盟是Google AdSense[100]，當我們使用Google時，系統就會自動檢索、

97｜陸子鈞，前「泛科學」主編、泛科學專欄作家。專欄文章詳參http://pansci.asia/archives/author/tclu513

98｜陸子鈞（2015年6月12日）。〈看到十三萬自然科老師瘋傳，我都驚呆了〉。取自：http://pansci.asia/archives/80500

99｜聯播網廣告，詳參http://goo.gl/kX4nzJ

100｜Google AdSense，詳參http://zh.wikipedia.org/wiki/Google_AdSense

媒合我們的使用習慣而播放相關的廣告，使讀者自然而然地去點閱廣告（啊，系統真是太懂我了）。

就像解剖員最近想買鑄鐵鍋，瀏覽了一些購物網站之後，在其他網頁搜尋或閱讀資料時，就會發現鑄鐵鍋像陰魂不散的好兄弟，隨時盤據在網頁的四周（當然，解剖員難免會情不自禁地點進去瞧瞧，人之常情嘛）。此外，解剖員還發現，這個ETtoday東森新聞雲還有「按我得點」的活動，分享新聞就能得到點數，點數可以兌換實體物品，一整個就是有得吃又有得拿的概念，讓人欲罷不能。總之，瞭解了這些，就能理解「類內容農場」真是一門好生意，只是在這一套相當高明的運算（分紅）模式背後，犧牲的可能是你我的智商喔！

解剖總結-->圖文不符的新聞可能有問題！

這一則原本應是主流媒體的新聞，先以「類內容農場」

之姿，使用聳動的標題吸引讀者注意（或驚慌），再於內容中提到「專家」、「調查」，讓讀者認爲有憑有據，事實上卻沒清楚指出來源，也沒有仔細查證；此外，所附上網路搜尋到的圖片，還牛頭不對馬嘴。在財源滾滾來的獲利模式背後，這樣不負責任的報導方式實在糟糕。綜合以上分析，本解剖室給這一則新聞報導評以如下評價：

十二顆骷髏頭！

綜合評比
科學偽新聞指數 滿分5顆

「官商互惠」指數 💀💀💀💀💀

「理論錯誤」指數 💀💀💀💀

「戲劇效果」指數 💀💀💀

No.3-3

奶茶裡的珍珠是塑膠做的，你還吸?!

案情 ---> 啥米？我把輪胎吃下肚！

二〇一五年十月二十日，「自由時報電子報」刊登了這則新聞：〈扯！中國飲料店員自爆：珍珠由舊輪胎、鞋底製成〉[101]，眞是把許多人嚇呆了，珍珠能夠用舊輪胎或鞋底製成嗎？後來證實這則新聞是一篇來自於中國，但卻被斷章取義的報導，但震撼力實在太強了，使得解剖員望著手邊的珍珠奶茶，不敢貿然一飲而盡，心想還是先搜查相關的報導確認一下好了。

臺灣一年四季隨處可見手搖飲料的蹤跡，揚名國際的珍珠奶茶更是大熱門，但是人紅是非多，關於珍珠奶茶的討論還眞不少。搜尋過程中，解剖員在Facebook看到朋友轉載一篇刊登在「BuzzLife生活網」的文章，標題是〈震驚！原來珍珠奶茶是用塑膠做的～看完我都快吐了　不相信還有人敢再喝嗎？？〉[102]，文章一開頭就提到：

101｜自由時報電子報（2015年10月20日）。〈扯！中國飲料店員自爆：珍珠由舊輪胎、鞋底製成〉。取自：http://news.ltn.com.tw/news/world/breakingnews/1481678

102｜BuzzLife生活網（2015年8月16日）。〈震驚！原來珍珠奶茶是用塑膠做的～看完我都快吐了　不相信還有人敢再喝嗎？？〉。取自：http://www.facebook.com/Buzzlife.com.tw/posts/1627923210757967

珍珠是什麼製成的，這個真的不清楚。有人說，吃珍珠等於吃塑料，這是真的嗎？

噢噢，這回的珍珠竟然是塑膠做的！解剖員望著手上的飲料，真不知到底是該丟掉飲料，還是應該關掉電腦？你是否也曾在滑手機的時候，看到LINE或Facebook一堆萬人瘋傳的訊息，聳動的標題讓心臟多跳了半拍，接著，手指頭就情不自禁地繼續點下去了呢？究竟是哪邊出了問題？

解剖

吃珍珠等於吃塑料？

這篇文章列出珍珠奶茶的「五大罪狀」，包括：一、奶茶中的「奶」；二、奶茶中的「香精」和「色素」；三、奶茶中含有「防腐劑」；四、奶茶中的「珍珠」；五、奶茶中的「椰果」。我們先來看看科學上的疑點。

科學疑點：珍珠＝高分子材料＝塑料？

這篇文章的標題「原來珍珠奶茶是用塑膠做的」，非常惹人注目，在內文的第四點中提到「……爲了讓珍珠更有『嚼頭』，於是再添加人工合成的高分子材料。高分子材料就是塑料，這樣的成分不可能被人體吸收。吃塑料是什麼結果，大家可以想像。」即使近年來食安問題層出不窮，解剖員常開玩笑說吃這麼多有的沒的都百毒不侵了，但是吃下肚的食物若是塑膠的話，想起來還是覺得頭皮麻麻的。問題是所有的珍珠都是高分子材料嗎？高分子材料就等於是塑料嗎？

「高分子」是透過聚合反應後形成具有大分子量的大分子，又可分成「天然」和「人工合成」兩種，前者如棉花、澱粉、蛋白質等，後者則如合成塑膠、合成橡膠、合成纖維等（見下頁圖）。依據東華大學的化學教育專家李暉教授[103]表示，塑膠是人工合成高分子的其中一類，和澱粉、蛋白質

103—李暉，東華大學課程設計與潛能開發學系教授、「科學新聞解剖室」作者群之一，學術專長是科學知識社會學、質性研究、師資培育、原住民科學教育、化學教育、科學傳播等。

高分子系譜圖

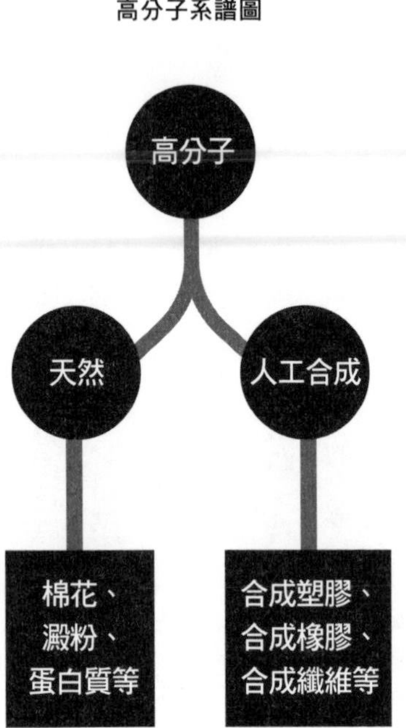

一樣，都是由小分子聚合而成的巨大分子，但因爲組成的小分子不同，使得性質有很大的差異。所以，直接說「高分子材料等於塑料」是以偏蓋全、很有問題的，因爲彼此相差甚遠，我們總不能跳過爸媽，就直接喊祖父母一聲爹娘吧！

而珍珠是如何製造的呢？正常的珍珠應該是用木薯粉或地瓜粉製成的澱粉製品，有些店家爲了讓珍珠吃起來Q彈、有嚼勁，會再加入小麥蛋白、玉米澱粉等天然高分子來加強口感，這些都是可接受的，誰不愛東西吃起來更好吃、更有口感呢？但是若說到可怕的珍珠與添加物的故事，李暉教授就提醒，二〇一三年爆發的「毒澱粉」事件，就是不知道哪來的「天才」業者爲了省成本，竟然想出利用工業用黏著劑「順丁烯二酸酐」來製造澱粉的黑心招數。「順丁烯二酸酐」原是被應用在工業用途的黏著劑、樹脂原料、殺蟲劑之穩定劑等等，但不肖業者卻將未經核准的「順丁烯二酸酐」直接加在澱粉裡，然後毒澱粉再製成珍珠粉圓、黑輪、米粉等，進到我們的肚子裡（光想就覺得肚子痛痛的）。把不該放在食品中的化學藥劑放進食品中，這樣的珍珠，沒什麼話好說，當然不合格！話說回來，吃進去的「珍珠」如果眞的是高分子塑料（和吞塑膠粒類似，無法被消化分解），被「毒」害的機會遠遠小於腸胃堵塞的危害。

下次再看到食品中還有高分子時，別慌張，高分子的家族成員龐大，而且使用廣泛，先搞清楚是高分子家族中的哪個成分再說，別看到黑影就開槍啊！

接下來看看媒體上的問題。

媒體疑點一：這個訊息網站怪怪的？

一開始看到這篇報導，用列點的呈現方式讓人一目了然，很快就掌握重點，還頗爲嘉許。但再仔細看看標題、看看內文、看看文章的來源網站，卻不禁啞然失笑，這不就是傳說中的「內容農場」嗎？

「內容農場」爲了增加點閱率，總是無所不用其極地在標題或內容上大做文章，最常見的手法就是使用情緒強烈的標題來引誘讀者，但內容往往是各種低素質、聳動激情、胡亂堆疊的資訊。這些內容多數似是而非，又總是引導不明就裡的使用者信以爲眞，文章的最後通常會再加上一句「如果你也覺得有趣，請立刻分享給你的朋友吧」。如果使用者照做了，動動手指頭轉發出去給親朋好友，就會間接提昇「內容農場」的點閱率，讓經營者獲得滾滾而來的廣告收益，但卻浪費了大家寶貴的時間與注意力——生命不是應該要浪費在美好的事物上嗎？

新聞工作者黃哲斌先生就曾經爲文[104]指出，「內容農場」的終極奧義就是：它們不生產內容，而是無限制地複製內容，像是無性生殖的單細胞生物一樣不斷地繁殖。「內容農場」只關心點閱率、到站人次和流量排名，因爲這些間接等於廣告收益。

歸納「內容農場」應該有以下幾個主要特質：第一，標題很長、很聳動，不管覺得怪不怪，不點進去看就心癢難耐。第二，利用條列式的書寫方式，僞裝井然有序，乍看好像很科學。第三，篇幅長短合宜又新鮮，讓觀衆的認知負荷不超載，但仔細看看內文，可能有許多錯誤或不合理的地方。

好笑的是，現在網路上竟然還出現「內容農場常見之『殺

104 — 黃哲斌（2015年3月6日）。〈黃哲斌：「日本人買房生活」與「高僧木乃伊」的新聞啟示錄〉。取自：http://opinion.cw.com.tw/blog/profile/51/article/2464

人標題』產生器」[105]，製造者先整理內容農場的標題，模擬角子機的遊戲方式，然後設計出標題產生器，一拉霸，三格方塊就隨機湊出三組文字，瞬間就能生產出非常吸睛的標題。解剖員隨便玩了一下便出現了以下令人驚呆的標題：「三十歲以前要懂，轟動全球的照片，特別是最後一個！」「全世界八十萬人瘋傳，從未被揭發的新聞，這不分享還是人嗎？」這樣的標題能不吸引人嗎？自己動手玩看看就會明白這樣產生新聞標題的方式是多麼簡單與廉價。所以，下次再看到這類型的文章，不要隨意分享，可別讓自己變成「會移動的內容農場」。

媒體疑點二：什麼是「農場口吻」？

解剖員在讀這篇報導的時候，總是覺得文章的口吻好像用了很多的誇飾法，跟科學的描述過程有很大的差別。例如：標題「原來珍珠奶茶是用塑膠做的」，用「原來」這兩個字加

105 — 內容農場常見之「殺人標題」產生器，詳參 http://slot.miario.com/machines/90065

深了恍然大悟、發現祕密的味道，可是從前面「科學疑點」的剖析就知道事實似乎不是這麼單純。

再看看文章，第一點說：「它（奶精）缺少鈣、B群和維生素A、D。牛奶中有用的養分，它基本都沒有。」李暉教授指出，我們一般在使用奶精的時候，通常不會去考慮它的營養成分，不至於會有人把奶精沖水當牛奶喝。奶精大多是用來增加飲品或食物的風味，本來就不是牛奶，有必要要求奶精具有牛奶的養分嗎？

最後，我們從文章的書寫方式來看，第一、二、三點：

> （奶茶中的奶）它含有大量的糖、飽和脂肪和反式脂肪酸。反式脂肪酸會提高患心血管疾病的風險，對中老年人來說，更不利於糖代謝和脂代謝。
>
> （奶茶中的香精和色素）如果添加得太多，或者你又大量飲用的話，就不太好了，尤其是幼兒。過量飲用奶茶對孩子

的智力發育和行爲健康，都可能有不良影響。

（奶茶中的防腐劑）奶茶百分之百含有防腐劑，防腐劑會殘留體內，所以喝珍珠奶茶一天別超過三杯。

這三段都是先指出珍珠奶茶裡面的某項成分，然後點名這些成分會造成什麼疾病，似乎不管是老的、小的、年輕的全都身陷在威脅之中，非常可怕。再看第四點、第五點的部分就更厲害了，作者彷彿扮演了全知的上帝角色，可以看穿所有店家的把戲：

（奶茶中的珍珠）有的商家也覺得彈性還不夠，爲了讓珍珠更有「嚼頭」，於是再添加人工合成的高分子材料……

（奶茶中的椰果）新鮮椰果由於成本高，就使用了椰果浸泡後滲出的水……爲了變成透明椰果，就使用了工業用雙氧水漂白……

文章的作者像是擁有狗仔隊飛天遁地的追查技巧，可以明察暗訪到掌握關鍵的證人而得出這樣的結論。事實上，這些不過是「內容農場」的「工人」從各種新聞報導中擷取、組裝之後的呈現結果，誇飾的口吻就像是所有工序完成後最終加上的調味料，以作爲吸引讀者的利器。其實這類的問題都需要伴隨著許多環境脈絡上的條件才可以被明確判斷，並無法如此簡要、篤定或戲劇化地一言以蔽之。這種「農場口吻」就像是在布丁裡面打進太多的蛋黃，讀者一定要能嚐出那種「膩」啊！

媒體疑點三：亂鬥雜燴文自體繁衍？

解剖員還注意到這篇文章從頭到尾都沒有清楚地交代論述的來源爲何，經搜尋和比對後發現，這眞是一篇很有意思的大雜燴文。

例如：二〇〇四年十月《蘋果日報》〈珍奶粉圓　攙毒防

腐劑〉[106]這篇報導裡面就提到：「消基會祕書長程仁宏指出，雖然多數粉圓防腐劑含量未超過標準，但不同食物的防腐劑會累積，『消費者一天最好不要喝超過三杯。』」而上述文章的第三點看起來簡直就是這篇報導的超級濃縮版。又例如：二〇〇四年六月中國海南島曾經爆發利用雙氧水製造椰果的新聞事件，本篇文章最後一段的文字正巧也都可以在《蘋果日報》當年刊登的〈椰果沒椰味　雙氧水漂白〉[107]這一篇報導中找到，用的文字都一模模一樣樣，有這麼巧合的事情嗎？

除了擷取、組裝之外，類似的報導最早還可追溯至二〇〇九年七月「中國評論新聞網」的〈喝劣質珍珠奶茶等於吃塑料吃脂肪〉[108]一文，《大紀元》隔天也刊登〈吃「珍珠」等於吃塑料？揭珍珠奶茶潛規則〉[109]，部分內容幾乎一樣。過了幾年，奇蹟似的又捲土重來，大陸「新藍網」在二〇一四年七月刊登〈吃珍珠等於吃塑料　警惕奶茶中五種成分〉[110]之後，「Life」網站又在二〇一四年十二月以「震驚！

106—《蘋果日報》（2004年10月28日）。〈珍奶粉圓　攙毒防腐劑〉。取自：http://www.appledaily.com.tw/appledaily/article/forum/20041028/1339320/

107—《蘋果日報》（2004年6月7日）。〈椰果沒椰味　雙氧水漂白〉。取自：http://www.appledaily.com.tw/appledaily/article/international/20040607/989556/

108—中國評論新聞網（2009年7月29日）。〈喝劣質珍珠奶茶等於吃塑料吃脂肪〉。取自：http://goo.gl/9FUxKi

109—大紀元（2009年7月31日）。〈吃「珍珠」等於吃塑料？揭珍珠奶茶潛規則〉。取自：http://www.epochtimes.com/b5/9/7/31/n2607723.htm

110—新藍網（2009年7月14日）。〈吃珍珠等於吃塑料　警惕奶茶中五種成分〉。取自：http://n.cztv.com/Health/2014/07/2014-07-14447903.htm

原來珍珠奶茶是塑膠做的~看完我都要吐了　不相信還有人敢喝嗎？？」跟新藍網的文章全文一模一樣，只是換了標題；而這次BuzzLife依樣畫葫蘆，全文照刊。

這些文章在各內容農場到處流竄，彼此自相抄襲與繁衍，之後再被使用者四處瘋傳、轉載，等到下一次再遇見類似的時事議題，只要在熱潮上，內容農場又會再次透過彼此加料、增強、亂鬥的過程，將老話題重新調製出品，時不時冒出頭來騷擾大家，然後再進入下一次瘋傳、轉載的無盡循環（就像下方的生產圖一樣）。

這種愚蠢的輪迴，相信只有閱聽人結下理智的善果才能超脫。

「內容農場」
文章生產循環圖

內容農場
大亂鬥

親朋好友
亂瘋傳

情境狀況
議題熱

解剖總結 ---> 熱門的新聞不見得就是正確的！

這篇來自內容農場的文章從標題到內文都充滿疑點，經解剖員追查後發現，這篇文章應是擷取不同新聞報導的部分內容拼貼而成，相當糟糕。此外，各內容農場也多次轉載，導致文章一再出現。在搜查過程中更發現，許多Facebook粉絲專頁同樣也轉錄這篇文章，並且諄諄告誡粉絲千萬不要喝珍珠奶茶，讓解剖員啼笑皆非。可見除了「內容農場」要小心外，對許多的網站、Facebook粉絲專頁的文章也要三思，別輕易就按讚或轉貼給親朋好友啊！綜合這一次的分析，本解剖室給這則報導評以如下評價：

十二顆骷髏頭！

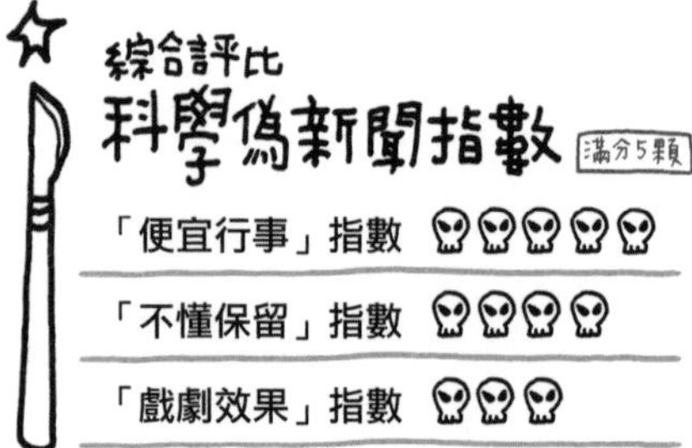

No.3-4

最新食安問題：「黑糖」黑掉了嗎？！

案情

保健幫手的黑糖成了健康殺手！

炎炎夏日來一碗黑糖刨冰，冷吱吱的時候來一杯黑糖薑茶，「黑糖」無論在春夏秋冬都讓我們的生活更饒富韻味。由於製程的關係，黑糖精製程度較低，保留了較多礦物質及維生素[111]，這也是黑糖在「好朋友」來時被當成好朋友的原因，在中醫領域裡黑糖可是溫補的食物，能夠避免閉經、經痛；而營養師也說，黑糖當中的鈣、鎂、鐵等礦物質能讓經期順暢[112]。但是，這麼優秀的黑糖，竟然會導致癌症？我不相信（滾地不起）！

二○一五年八月二十八日，《康健雜誌》刊出〈黑糖抽檢　全部測出致癌物質丙烯醯胺〉[113]爲題的文章，指出該雜誌進行二○一五黑糖成分大調查，抽驗結果發現「黑糖含有2A級人類可能致癌物丙烯醯胺（acrylamide）」，而且所有抽檢

111 —《臺糖通訊》（2011年12月）。〈說糖解惑——黑糖蔗糖傻傻分不清楚？認識糖的製造流程〉。取自：http://goo.gl/6SW6UU

112 —《康健雜誌》（2003年3月1日）。〈「健康」的糖健康嗎？〉。取自：http://goo.gl/fxd9Cm

113 —《康健雜誌》（2015年8月28日）。〈黑糖抽檢　全部測出致癌物質丙烯醯胺〉。取自：http://goo.gl/vixwJ6

的黑糖無一倖免。

難道黑糖就真的這樣黑掉了嗎？這究竟是「國際級」的大發現，抑或是又一樁「食品謠言」呢？跟著解剖員的腳步來一探究竟吧！

解剖 黑糖到底有沒有含致癌物？

科學疑點一：是誰加了丙烯醯胺？

「丙烯醯胺」[114]成爲瘋傳全球鄉民的故事，得要從北歐的搖晃乳牛開始說起了。在一九九七年的瑞典，牧場主人們訝然發現，農場的乳牛會不自主地搖晃，這幅景象看起來已經夠詭異了，但事情還沒完呢，溪裡的魚翻了白肚，而鄰近隧道的工人還出現「手麻腳麻」的症狀，一片恐慌之際，政府派出科學團隊深究後才發現，原來是正在進行隧道施工所使用的防水劑——「聚丙烯醯胺」，溢散出「丙烯醯胺」單體，

114｜丙烯醯胺，詳參 http://nehrc.nhri.org.tw/foodsafety/Acrylamide.php

不僅痲痺了人體，更讓這群倒楣的乳牛們成了史上留名的搖晃乳牛[115]。

更令人吃驚的故事才要開始，斯德哥爾摩大學的童奎斯特（Margareta Tornquist）教授徵召了許多瑞典民眾，想研究普通人在沒有接觸丙烯醯胺的情況下，血液中丙烯醯胺的濃度爲何，但大夥兒看完量測後的數據可就傻了眼，原來一般民眾的體內就帶有丙烯醯胺[116]！而且來源就在每天常見的食物裡頭。莫非所有的食品製造商都是黑心廠商？每樣食品都加了丙烯醯胺嗎？要來一片好吃又富含丙烯醯胺的洋芋片嗎（誤）？

科學家們追根究柢後終於搞清楚事情的眞相，原來多數的食物經過自然的烹煮過程後，就會產生丙烯醯胺，其化學式如圖：

115｜Dr. Joe Schwarcz（蘇瓦茲）（2009）。《科學新聞不能這樣看》。臺北：天下。

116｜詳參M. Törnqvist, E. Bergmark, L. Ehrenberg, F. Granath (1998). Risk Assessment of Acrylamide; Report 7/98, Swedish Chemicals Inspectorate, Solna, Sweden (in Swedish)

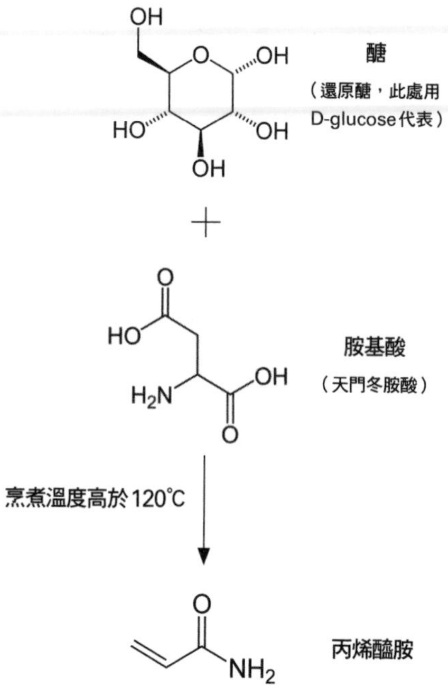

簡單來說，含有醣分（碳水化合物）的食物，只要經過加熱烹煮，幾乎就會有丙烯醯胺的存在。二〇〇二年來自瑞典的研究發現[118]，不僅洋芋片中有丙烯醯胺，就連麵包、咖啡、爆米花和早餐麥片都有丙烯醯胺。而根據臺灣的國家環境毒物研究中心的研究[119]，經過高溫處理的食物，如烘焙咖啡豆、洋芋片、黑糖和油條等，也含有丙烯醯胺，甚至抽

丙烯醯胺產生之化學式[117]

醣（還原醣，此處用 D-glucose 代表）

＋

胺基酸（天門冬胺酸）

烹煮溫度高於120℃

↓

丙烯醯胺

117｜化學式詳參 http://en.wikipedia.org/wiki/Aspartic_acid、http://en.wikipedia.org/wiki/Acrylamide、http://commons.wikimedia.org/wiki/File:Alpha-D-glucose-2D-skeletal-hexagon.png

118｜K. Svensson, L. Abramsson, W. Becker, A. Glynn, K.-E. Hellenäs, Y. Lind, J. Rosén (2003). Dietary intake of acrylamide in Sweden, *Food and Chemical Toxicology*, 41, 1581-1586.

119｜詳參 http://nehrc.nhri.org.tw/foodsafety/Acrylamide.php

菸也會因爲燃燒的高溫和菸草裡的碳水化合物相互作用產生丙烯醯胺[120]。原來，丙烯醯胺是這樣產生的，而且也普遍存在於我們日常的飲食中，所以這次的劇本就沒有「黑心廠商惡意添加」的橋段啦！那麼，第二個問題來了，吃什麼都有丙烯醯胺，那吃了會不會有事？

科學疑點二：吃了丙烯醯胺會不會有事？

早在一九九六年的時候，就有研究團隊利用小鼠證明，丙烯醯胺會和DNA分子與相關的蛋白質產生麥可加成化學反應（Michael-type reactivity），引起小鼠的精子DNA突變，也有科學家推測細胞內的P-450酵素會讓丙烯醯胺產生高活性的環氧結構（epoxide），此高度反應性的結構可能會破壞DNA或蛋白質，進而導致突變[121]；而如果投予高劑量的丙烯醯胺在大鼠上，會引起嗜睡、運動失調等神經毒性症狀，解剖後發現大鼠的周邊神經節受到損害[122]。世界衛生組織旗下的

120｜同註腳118。

121｜W.M. Generoso, G.A. Sega, A.M. Lockhart, L.A. Hughes, K.T. Cain, N.L.A. Cacheiroa, Shelby (1996). Dominant lethal mutations, heritable translocations, and unscheduled DNA synthesis induced in male mouse germ cells by glycidamide, a metabolite of acrylamide, *Mutation Research: Genetic Toxicology*, 371, 175-183.

122｜Lucio G. Costa, Hai Deng, Carl J. Calleman, Emma Bergmark (1995). Evaluation of the neurotoxicity of glycidamide, an epoxide metabolite of acrylamide: behavioral, neurochemical and morphological studies, *Toxicology*, 98, 151-161.

「國際癌症研究署」（IARC）甚至將丙烯醯胺列爲「2A致癌物」，這……真是太可怕了！但是，打從人類會用火烤肉、烤番薯的時代就在吃丙烯醯胺，這東西眞有那麼毒的話，人類怎麼還沒滅絕呢？

讓我們先來搞懂什麼是「2A」。2A的定義是「人類的流行病學上沒有證據顯示有致癌性，僅在動物實驗中被證實」，瑞典發生搖晃乳牛事件後，北歐科學家興致高昂（或經費充足）地展開了許多流行病學的計畫，想研究人類的疾病和丙烯醯胺的攝取有沒有相關性。在二〇〇三年由瑞典和美國的聯合報告指出，他們追蹤了近一千名的大腸癌、膀胱癌和腎癌患者，最後的結論是丙烯醯胺和這三種癌症的發生沒有關係[123]。而緊接著二〇〇五年瑞典、挪威及美國也公布了一篇關於乳癌的研究，結論同樣是兩者之間沒有關聯[124]。

爲什麼動物實驗的結果和人類流行病學會產生差異呢？原因首先是代謝途徑，嚙齒類的動物實驗並不能完全代表人

123 | L A Mucci, P W Dickman, G Steineck, H-O Adami and K Augustsson (2003). Dietary acrylamide and cancer of the large bowel, kidney, and bladder: Absence of an association in a population-based study in Sweden. *British Journal of Cancer*, 88, 84-89. DOI: 10.1038/sj.bjc.6600726.

124 | Lorelei A. Mucci, ScD, MPH; Sven Sandin, MS; Katarina Bälter, PhD; Hans-Olov Adami, MD, PhD; Cecilia Magnusson, MD, PhD; Elisabete Weiderpass, MD, PhD (2005). Acrylamide Intake and Breast Cancer Risk in Swedish Women, *The Journal of the American Medical Association*, 293(11), 1322-1327.

類的代謝，同樣也在二〇〇五年，《毒性科學雜誌》就刊出了一篇論文[125]，研究團隊徵召了一批人類的勇者，利用多種途徑攝入丙烯醯胺，最後發現人類和老鼠的代謝途徑略有差異，證實相同的物質進入不同的動物體內可能會有天差地遠的結果。而另一種可能，在於實驗室裡的動物環境受到嚴格的限制，而真實的人類社會裡，我們有多樣化的食物和多采多姿的生活，兩者生活環境的差異就會導致了不同的結果。臺灣這幾年食安風波不斷，相信大家應該已經養成分攤風險的觀念了吧（無奈）？所以，如果不是長期嗜吃某類食物，似乎就不用過度擔心了。

接下來看看媒體上的問題。

媒體疑點一：食物中「高」含量的不明物質令人害怕？

原雜誌報導指出，一包黑糖可能就會含有超過一千ppb的丙烯醯胺。不熟悉的單位名稱加上陌生化合物的組合，這

125 | Timothy R. Fennell, Susan C.J. Sumner, Rodney W. Snyder, Jason Burgess, Rebecca Spicer, William E. Bridson, Marvin A. Friedman (2005). Metabolism and Hemoglobin Adduct Formation of Acrylamide in Humans. *Toxicological Sciences*, 85, 447-459.

數字橫看豎看就是很嚇人、就是覺得不大妙，如果這樣想，那就是掉入了媒體所鋪設的數據陷阱！

解剖員就從ppb開始破解「數據黑箱」吧！ppb用在質量上，一ppb代表每一公斤（kg）的物質中有一微克（μg）的某物質。國語文基本能力造樣造句：一ppb的丙烯醯胺，表示每一公斤的黑糖中含有一微克的丙烯醯胺。

還是不清楚這分量有多少嗎？再拿另外一個常聽到的ppm來一起比較吧！ppm是百萬分之一，而ppb比ppm還要小了一千倍，也就是十億分之一。一千ppb其實就等於一ppm，雖然它造成的影響不變（1000 ppb = 1 ppm=0.0000001%），但單位不同看起來的效果就差很多，在報導裡用了一千ppb是不是更容易讓人嚇一跳、更容易吸引我們的注意呢？若我們習慣用數據接收資訊，卻常常不去弄懂數據所代表的意義，就很容易被媒體製造的數據綁架了。

另外，食物的風險評估還需要搭配一般人的飲食習慣。

原文報導只有黑糖的丙烯醯胺含量，但沒有與「多少人有食用黑糖的習慣」、「平常人平均一天會攝取多少黑糖」等攝食量的相關資訊對應，這樣無法評估風險、見樹不見林的報導方式，極易引起大眾無謂的恐慌，眞是太糟糕了[126]。

媒體疑點二：專家的說法可以斷章取義？

原報導在內文中的小標題中寫著：「丙烯醯胺具生殖、神經和基因毒性，其活性代謝物會慢性累積、攻擊基因。」小標題下面的文章段落也寫著：「臺大職業醫學與工業衛生教授吳焜裕指出，歐美都曾做過小樣本人體實驗，發現體內丙烯醯胺越多的人，基因受損的程度越高，基因受損就容易造成基因突變，進而可能致癌。」這不免會讓讀者直接歸納出：丙烯醯胺對人體有害，而且臺大教授掛保證！

但其實從國家環境毒物研究中心的報告和「上下游News&Market」的相關報導[127]，以及一些引用文獻中就可

126 郭琇真（2005年8月29日）。〈幫助認識丙烯醯胺？還是製造對黑糖恐慌？《康健》報導見樹不見林〉。取自：http://www.newsmarket.com.tw/blog/75136/

127 郭琇真（2015年9月10日）。〈吳焜裕：丙烯醯胺致癌性亟須正視，但食物好壞需評估營養與風險〉。取自：http://www.newsmarket.com.tw/blog/75574/

以看出，「丙烯醯胺對人體有害」這件事並非憨人所想的那麼簡單。同樣是臺大教授吳焜裕接受「上下游News&Market」採訪時提到的是：「從風險管理的角度指出，只要整體評估『利大於弊』，黑糖仍然可以放心吃。」似乎不像原報導那麼果斷指出黑糖致癌的危機，那麼，究竟是媒體斷章取義專家的話？或是問題不夠詳盡以致沒有瞭解全貌？

此外，前述也提到目前相關研究並沒有實際做過人體試驗，在流行病學上也無法證實丙烯醯胺對人體的致癌性，攝入食物所含丙烯醯胺與癌症的相關性仍需進一步研究——當然這不是說丙烯醯胺對人體無害，而是在論述上應該需要更多的研究證據，不能每次傳出某食物「對人體有害」的報導時，對應的做法就只剩下「當下」拒吃（因爲不求甚解，所以來得快去得也快），應該要更通盤地去看整個事件，和認識我們口中所吃的食物、相關的化學名詞，先冷靜想想，就不容易被媒體近乎危言聳聽的方式所操弄。

媒體疑點三：「跟風」讓事件像一陣龍捲風，讓人離不開暴風圈來不及逃？

原報導一出，多家新聞媒體都紛紛跟進報導，例如：中時電子報[128]、《聯合晚報》[129]、ETtoday東森新聞雲[130]等等，讓風聲鶴唳的黑糖事件更煞有其事，讓人想忽略都不行。期間有業者站出來澄清[131]，原媒體也再度發稿說明報導的初衷和調查方式，強調沒有將黑糖導向毒物，也無意造成社會恐慌；但原報導所塑造「養生的黑糖不一定健康」、「天然的不一定最好」的衝突太過鮮明，讓黑糖染上毒物的形象也隨著跟風報導效應像漣漪一般擴散出去（覆水難收啊）。

原報導就算真的「立意良善」，但食安相關事件大多複雜，不是三言兩語就能讓人理解；而多數的新聞報導都無法闡述清楚，也傾向利用聳動的標題（其實原報導本來的標題「黑糖抽檢　全部測出致癌物質！！！」用了三個驚

128—中時電子報（2015年8月29日）。〈黑糖含丙烯醯胺　吃多恐致癌〉。取自：http://www.chinatimes.com/newspapers/20150829000324-260114

129—《聯合晚報》（2015年8月28日）。〈黑糖吃多　可能致癌〉。取自：http://money.udn.com/money/story/5648/1151483

130—ETtoday東森新聞雲（2015年8月28日）。〈市售黑糖全驗出致癌「丙烯醯胺」　手工黑糖含量最高！〉。取自：http://www.ettoday.net/news/20150828/556591.htm

131—例如：http://video.udn.com/news/363293

嘆號啊）[132]、透過衝突產生戲劇性張力的方式來吸引注意，想讓閱聽人正確理解談何容易。謠言的跑速總是比事實和澄清來得快，跟風跟到最後，到底有幾分是真實的呢？又有多少人真的在意事情的真相呢？做出這樣的新聞報導要負責任嗎？又要如何遏止這樣的爆料報導呢（傷腦筋ing）？

解剖總結-->對於駭人聽聞的爆料要提高警覺！

在這次的事件中，原報導看似用了科學的方法「抽檢」，但調查時卻忽略了其他重要的相關因素，且文章所引述的科學研究和文獻也有選擇性，使得一般人看到此報導時容易產生誤會和偏見，而媒體的連鎖效應也讓這次的事件更加火上加油。

物質的傳遞需要介質，傳聞卻能不脛而走，而且通常是盲目擴散居多。每次食安事件的後續處理固然重要，包括相

132 — 文青別鬼扯（2015年8月29日）。〈《康健》得了便宜又賣乖！！！〉。取自：http://goo.gl/Tql5Fp

關法令及規範的制定，但那大多是一般人無法介入的領域；理解事件，從中避免傷害，才是每個人都能做到的事，「可怕之事必有可疑之處」，面對事件時多聽多看多想，這樣的力量方能終止謠言繼續盲傳。本解剖室給這一則新聞報導評以如下評價：

十一顆骷髏頭！

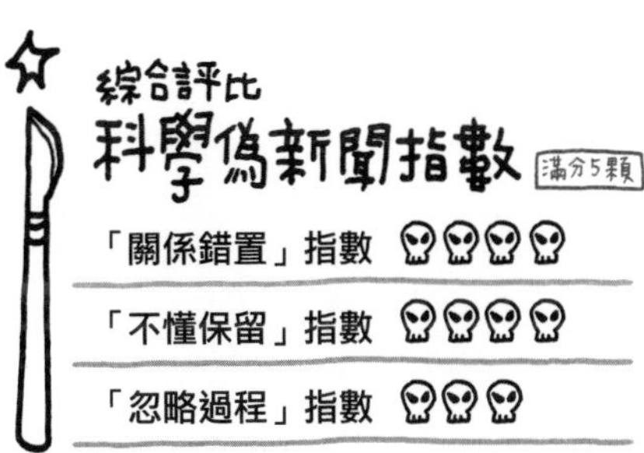

書系——知無涯02

新時代判讀力 教你一眼看穿科學新聞的真偽

總　策　劃　黃俊儒
作　　　者　泛科學「科學新聞解剖室」專欄作者群：黃俊儒、賴雁蓉、李暉、賴宣儒、陳柏廷、羅紹桀、雷雅淇、黃馨慧、林瑋珊、顏煜東、蔣維倫
繪　　　者　劉嘉圭（beat）
總　編　輯　顏少鵬
初版設計　徐睿紳
封面修改　兒日
發　行　人　顧瑞雲
出　版　者　方寸文創事業有限公司
地　　址　臺北市106大安區忠孝東路四段221號10樓
電　　話　0958-941149
傳　　真　(02)8771-0677
客服信箱　ifangcun@gmail.com
官方網站　方寸之間 ---- http://ifangcun.blogspot.tw/
FB粉絲團　方寸之間 ---- http://www.facebook.com/ifangcun
法律顧問　郭亮鈞律師
印務協力　蔡慧華
印　刷　廠　勁達印刷有限公司
總　經　銷　時報文化出版企業股份有限公司
地　　址　桃園市333龜山區萬壽路二段351號
電　　話　(02)2306-6842

國家圖書館出版品預行編目(CIP)資料
新時代判讀力：教你一眼看穿科學新聞的真偽 / 黃俊儒等作 / 初版 / 臺北市：方寸文創，2016.04 | 192面 | 21×14公分（知無涯系列：2）| ISBN 978-986-92003-4-9（平裝）

1. 科學 2. 新聞報導

307　　105003961

ISBN　978-986-92003-4-9
初版一刷　2016年4月
初版四刷　2021年3月
定　　價　新臺幣240元